"十三五"高等职业教育规划教材

安徽省高校省级质量工程规划教材立项教材

C#程序设计项目化教程

方少卿　主　编

张　涛　王雪峰　查　艳　副主编

中国铁道出版社有限公司

CHINA RAILWAY PUBLISHING HOUSE CO., LTD.

内 容 简 介

本书为安徽省高校省级质量工程规划教材立项教材——计算机专业项目化系列教程（2017ghjc290）的组成部分；针对高职教育特点，从项目开发实际需求出发，以与企业合作开发的真实案例"职苑物业管理系统"的开发过程贯穿全书，由实际项目开发步骤合理安排知识结构，将课程内容与行业标准和岗位规范对接，教学过程与生存过程对接，每个任务和单元之后合理拓展知识，单元之后配有小结、实训和习题，以帮助读者巩固所学内容。另外学生可以通过扫描二维码在线学习操作视频。

本书共分 7 个单元，基于 Visual Studio 2015 进行开发和学习，主要介绍了 C# 基础知识，常用类，构造函数、属性、继承、多态、接口的实现方法，控制台程序设计和 WinForm 编程以及 C# 项目开发知识，以及系统安装与部署等内容。

本书适合作为高等职业院校计算机、电子信息、物联网技术应用等专业（方向）的教材，也可供从事信息技术、嵌入式系统与物联网技术开发的工程技术人员参考。

图书在版编目（CIP）数据

C# 程序设计项目化教程 / 方少卿主编 . —北京：中国铁道
出版社有限公司，2020.1（2023.3 重印）
"十三五"高等职业教育规划教材
ISBN 978-7-113-26577-9

Ⅰ．①C… Ⅱ．①方… Ⅲ．①C 语言－程序设计－高等
职业教育－教材 Ⅳ．① TP312.8

中国版本图书馆 CIP 数据核字（2020）第 019754 号

书　　名：C# 程序设计项目化教程
作　者：方少卿

策　　划：翟玉峰　　　　　　　　　　　　编辑部电话：(010) 83517321
责任编辑：翟玉峰　包　宁
封面设计：刘　颖
责任校对：张玉华
责任印制：樊启鹏

出版发行：中国铁道出版社有限公司（100054，北京市西城区右安门西街 8 号）
网　　址：http://www.tdpress.com/51eds/
印　　刷：北京铭成印刷有限公司
版　　次：2020 年 1 月第 1 版　2023 年 3 月第 2 次印刷
开　　本：850 mm×1 168 mm　1/16　印张：16　字数：384 千
书　　号：ISBN 978-7-113-26577-9
定　　价：45.00 元

我国已进入新的发展阶段，产业升级和经济结构调整不断加快，各行各业对技术技能人才的需求越来越紧迫，职业教育的重要地位和作用越来越凸显。

　　国务院发布的《国家职业教育改革实施方案》（国发〔2019〕4号）（以下简称"方案"）提出："深化产教融合、校企合作，育训结合，健全多元化办学格局，推动企业深度参与协同育人，扶持鼓励企业和社会力量参与举办各类职业教育。"方案要求各职业院校"按照专业设置与产业需求对接、课程内容与职业标准对接、教学过程与生产过程对接的要求……提升职业院校教学管理和教学实践能力"。为了更好地提升计算机和信息技术技能人才的培养质量，针对目前相当一部分高职计算机和信息技术专业中的教学过程和课程内容仍延续传统的学科体系，核心课程间缺乏联系或联系不紧密的现象，以及教学内容和行业标准、工作过程脱节的现象，我们与企业合作规划设计了这套计算机项目化系列教程，整个系列教程围绕计算机应用专业和软件技术专业的核心课程和技能进行整合，以行业企业的软件设计开发的岗位技能和标准需求来规划设计整套教程。全系列教程以一个真实企业项目引领，围绕项目开发需要组织学习内容。

　　本系列教程的编写是主编及参编教师在长期的教学过程中，对教与学过程的总结与提升的结果。在对现有的教材认真分析后，教师们认为普遍存在如下一些缺点：

　　（1）缺少前后课程间的内容衔接。现有专业核心教材各自都注重本课程的体系完整性，但缺少课程间的内容衔接、课程间关联度不高，这影响了IT人才培养的质量与效率，也与高职技术技能型人才培养目标吻合度有距离。

　　（2）教学内容和行业标准、工作过程脱节。缺乏真实项目引领的教材，教材内容和行业标准、工作过程脱节，从而使学生学习的目标不明，学习的针对性不足，从而影响学生学习的主动性和积极性。

　　我们提出以一个项目贯穿专业的主干课程的思想，针对在高职人才培养过程中存在的课程间的衔接不好、各课程相互关联度不高等问题，力争从专业人才培养的顶层对专业核心课程进行系统化的开发，组建了教学团队编写教学大纲，并委托安徽力瀚科技有限公司定制开发两个版本的"职苑物业管理系统"——桌面版和Web版。两个版本有相同的业务流程，桌面版主要为"C#程序设计项目化课程"服务，Web版主要为"动态网页设计（ASP.NET）项目化课程"和"SQL Server数据库项目化课程"服务，并在此基础上研发编写系列教材。

（3）学生学习课程的具体目标不明确，影响学习积极性。本系列教程以一个真实的案例开发任务来引领各课程学习，从而使学生学习有明确而实际的学习目标，其中项目经过分解，项目需求与课程相匹配，有明确的任务适合学生经学习后来完成，以增强学生的成就感和积极性。

本系列教程的编写以企业实际项目为基础，分析相关课程的教学内容和教学大纲，对工作过程和知识点进行分解，以任务驱动的方式来组织。全系列教程以"职苑物业管理系统"设计与开发进行统一规划、分类实现，针对统一规划分别设计了一个基于C#脚本的Web版B/S架构应用系统和一个基于C#脚本的桌面系统，同时还设计了一个C语言的简化版"职苑物业管理系统"，并以此应用系统将软件开发过程以实用软件工程进行总结和提升。所有这些考虑主要是为了让学生学习有明确的目标和兴趣，同时在知识建构中体会所学知识的实际应用，真正体现学以致用和高职特色的理论知识"够用、适度"要求，又兼顾学生对项目开发过程的理解。

本系列教程具有以下突出特点：

① 一个项目贯穿系列教程；

② 对接行业标准和岗位规范；

③ 打破课程的界限，注重课程间的知识衔接；

④ 降低理论难度，注重能力和技能培养；

⑤ 形成一种教材开发模式。

本系列教程规划了5本教材，分别是《C语言程序设计项目化教程》《C#程序设计项目化教程》《动态网页设计（ASP.NET）项目化教程》《SQL Server数据库项目化教程》《实用软件工程项目化教程》，每本书按软件开发先后次序展开，并以任务的形式分步进行。每个任务分三部分，第一部分导入任务，第二部分介绍任务涉及的基本知识点，第三部分是完成任务，有些必需而任务中又没有涉及的知识则以知识拓展、拓展任务或延伸阅读的形式提供。为了配合教师更好地教学和学生更方便地学习，每本书都提供了丰富的数字化教学资源：有配套的PPT课件，并提供了完整的项目代码和教学视频供教师教学和学生课下学习使用；对一些关键内容还提供了微视频，学习者可通过扫描相应的二维码进行学习。同时每单元的实训任务也是配合教学内容相关的知识点进行设计，以便学生学习和实践操作，强化职业技能和巩固所学知识。

本系列教程为2016年省质量工程名师（大师）工作室——方少卿名师工作室（2016msgzs074）建设内容之一，同时也是安徽省高校省级质量工程规划教材立项教材——计算机专业项目化系列教程（2017ghjc290）的建设内容；项目开发由安徽省高职高专专业带头人资助项目资助。

本系列教材由铜陵职业技术学院方少卿教授任主编并负责规划和各教材的统稿定稿，铜陵职业技术学院张涛、汪广舟、刘兵、查艳、伍丽惠、崔莹、李超，安徽工业职业技术学院王雪峰，铜陵广播电视大学汪时安，安徽力瀚科技有限公司技术总监吴荣荣等为教材的规划、编写做了很多工作。

在本系列教程建设过程中得到铜陵职业技术学院、安徽工业职业技术学院、铜陵广播电视大学有关领导和同仁的大力支持，在此一并深表谢意。

由于编者水平有限，加之一个案例引领专业核心课程还只是一种探索，难免在书中存在处理不当和不合理的地方，恳请广大读者和职教界同仁提出宝贵意见和建议，以便修订时加以完善和改进。

方少卿

2019年10月

前　言

C#是微软公司发布的由C和C++衍生出来的一门面向对象的编程语言。C#语言是运行于.NET Framework之上的高级程序设计语言。C#以其强大的操作能力、严谨的语法风格、创新的语言特性和便捷的面向组件编程的特点成为.NET开发的首选语言。

编者从多年从事高职高专程序设计语言教学的经验来看，学生要想学好面向对象程序设计语言，在启蒙阶段不能太难，知识点的引入要循序渐进，并且最好是借助于自己身边的，能摸得着、看得见的并且业务逻辑不是很复杂的真实案例。

本书为安徽省高校省级质量工程规划教材立项教材——计算机专业项目化系列教程（2017ghjc290）的组成部分；本着"理论够用适度，案例引领学习"的原则，本教材所涉及的案例"职苑物业管理系统"为与企业合作开发的真实案例——职苑物业管理系统，并以此案例展开知识点的阐述。为了便于教学和学生学习，教材的编写参照C#课程教学标准和高职高专学生的特点对该案例进行了修改，并将案例按照C#知识点分解成若干单个任务引入相关章节中，全书基于Visual Studio 2015进行开发和调试。

1．本书内容

本书分三个阶段共七个单元。第一阶段介绍C#基础知识，第二阶段介绍WinForm编程，第三阶段是综合前面的知识点进行C#案例开发。每个任务分为三部分：第一部分介绍单元需要完成的任务，第二部分介绍任务涉及的基本知识点，第三部分是完成任务，有些必需而任务中没有涉及的知识则以知识拓展、拓展任务或延伸阅读的形式提供。本书七个单元的具体内容如下：

单元1为案例系统介绍，讲解了系统功能设计，初步了解项目功能。

单元2为.NET开发环境搭建，结合"职苑物业管理系统"项目讲解在C#环境下如何创建一个项目，使学生熟悉.NET开发环境，掌握.NET的基本操作。

单元3为C#语言基础，结合"职苑物业管理系统"的几个主要功能窗体引入C#基础知识的讲解，主要包括常用控件的基本属性、事件的使用，菜单的设计方法等。

单元4为面向对象程序设计基础，将"职苑物业管理系统"中的建筑物类等几个常用类引入教学中，系统讲解类的定义方法和基本应用规则，构造函数、属性、继承、多态、接口的实现方法。

单元5为系统窗体界面设计，将"职苑物业管理系统"主要的窗体引入到教学中，使用基本控件进行窗体设计，并结合面向对象的程序设计思想进行数据操作。

单元6为系统各功能模块实现，对"职苑物业管理系统"进行系统综合的讲解，引导学生将前面章节所设计的模块拼装成一个完整的项目。

单元7为系统部署与安装，讲述在C#中如何将一个项目编译打包制作成安装包。

2．教学内容学时安排建议

本书建议授课（线下）72（或64）学时+自学（线上）14学时，可根据实际情况决定是否进行混合教学。教学单元与课时安排见表1。

表 1　教学单元及学时安排

单元名称	授课学时安排	自学学时
单元 1　案例系统介绍	2（1）	1
单元 2　.NET 开发环境搭建	2（1）	1
单元 3　C# 语言基础	20（18）	4
单元 4　面向对象程序设计基础	16（14）	2
单元 5　系统窗体界面设计	18（16）	3
单元 6　系统各功能模块实现	12（12）	2
单元 7　系统部署与安装	2（2）	1
合计	72（64）	14

3．实训教学建议

本书以一个完整的案例"职苑物业管理系统"贯穿始终，按照"提出任务—模仿工作现场—增加必备技能—解决实际问题—实现功能"为主体的实践教学要求，将"职苑物业管理系统"各功能模块按照任务分解，每单元实现，来加强学生实践能力训练，学习者可以按照每单元任务要求完成功能。

每个单元的结尾增加了和单元任务类似的实训，学习者通过练习加深对所学内容的理解。

对学习者而言，能有的放矢，有实际项目可做，仿佛置身实际项目开发情景，书中的重点难点标识清楚，使学习者能迅速掌握主要内容。

4．配套资源

为了配合教师更好地教学和学生更方便地学习，本书开发了丰富的数字化教学资源。可使用的教学资源见表2，提供有配套的PPT课件，并提供了完整的项目代码和教学视频供教师和学生课下学习使用。具体下载地址为：http://www.tdpress.com/51eds/，联系邮箱：TLFSQ@126.com，教材视频请扫描相关内容的二维码进行观看学习。

表 2　课程教学资源一览表

序号	资源名称	数量	表现形式
1	授课计划	1	Word 文档，包括章节内容、重点难点、课外安排，让学习者知道如何使用资源完成学习
2	电子课件	7	PPT 文件，可供教师根据具体需要加以修改后使用
3	微课视频	11	MP4 文件，每单元的重要内容通过微课小视频进行展示，让学习者快速掌握
4	案例素材	1	.NET 程序包，完整的"职苑物业管理系统"实现

本书由安徽省高职高专专业带头人、安徽省教学名师、铜陵职业技术学院方少卿任主编，铜陵职业技术学院张涛、安徽工业职业技术学院王雪峰、铜陵职业技术学院查艳任副主编。具体编写分工如下：单元1、单元5由张涛编写；单元2、单元4由查艳编写；单元3和附录A、附录B由方少卿编写；单元6、单元7由王雪峰编写。全书由方少卿统稿并最后定稿。

本书在编写过程中还得到了铜陵职业技术学院和安徽工业职业技术学院有关领导的大力支持，同时教材编写过程中参考了本领域的相关教材和著作，在此一并深表谢意。

由于编者水平有限，书中疏漏与不足之处在所难免，恳请广大读者提出宝贵意见和建议，以便修订时加以完善。

编　者

2019年10月

CONTENTS

目 录

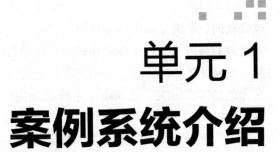

单元 1
案例系统介绍

本单元将向读者介绍本书所使用的案例系统——职苑物业管理系统的基本设计。随着计算机信息化程度的不断提高，小区的物业管理基本上都需要借助管理信息系统，本书将围绕"职苑物业管理系统"的开发，学习C#编程开发方面的基础知识。系统功能的分析和设计是软件系统成败的关键，本单元主要涉及系统功能的设计和开发项目的认知，为后面的学习及编程开发打下基础。

学习目标

➢ 熟悉信息系统开发流程；

➢ 熟悉职苑物业管理系统的功能设计；

➢ 能熟练操作职苑物业管理系统；

➢ 了解本书的数据持久化方法。

具体任务

➢ 任务1 系统功能设计

➢ 任务2 项目功能演示

任务 1 系统功能设计

任务导入

随着我国市场经济的快速发展和人们生活水平的不断提高，简单的社区服务已经不能满足人们的需求，信息技术在物业管理中的应用显现出越来越重要的地位，因此物业管理系统应运而生，它促使物业管理更加信息化与科学化。

"职苑物业管理系统"是典型的管理信息系统（Management Information System，MIS），其开发首先需要进行系统功能设计，明确系统功能需求，遵循一定的流程进行设计和实现。本节将基于通用的系统开发步骤，分析"职苑物业管理系统"的需求，实现系统的功能设计。

知识技能准备

系统开发一般遵循图1-1所示流程。

各开发步骤的主要作用如下：

（1）需求分析：了解系统实际需求，并据此分析形成合理的、能满足需求的设计思路，是开发人员经过深入细致的调研和分析，准确理解用户和项目的功能、性能、可靠性等具体要求，将用户非形式的需求表述转换为完整的需求定义，从而确定系统必须做什么的过程。需求了解得越详细，程序的后期开发与维护就会越省心。

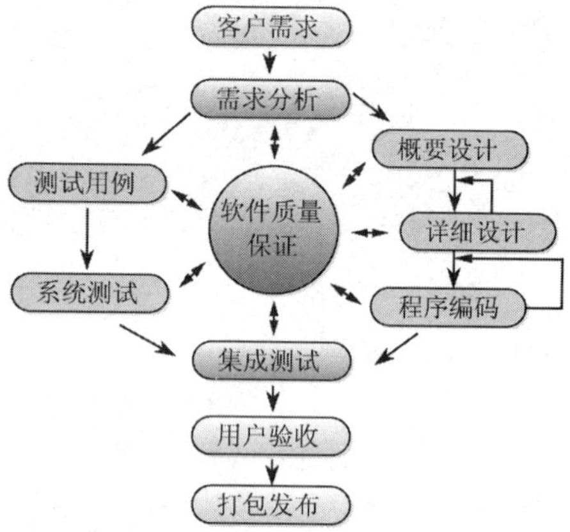

图 1-1 系统开发流程图

（2）概要设计：概要设计紧跟在需求分析之后。需求明确后，制作业务模块，然后开始设计数据库的逻辑结构，进行数据库设计，明确数据存储基本要素。

（3）详细设计：根据概要设计中制作的业务模块，确定好各个业务模块的用户接口界面，将各个窗体控件的处理代码和业务逻辑用流程图或语言表达出来。

（4）程序编码：根据详细设计，使用某种编程语言编写程序代码，实现系统的业务逻辑功能，程序编码要注意命名规范和编程风格的规范化。

（5）系统测试：测试系统代码有无逻辑错误以及在加载数据处理环境下程序的稳定性等，及时发现系统存在的问题并进行纠正，确保程序的正确性和健壮性。测试也包含单元测试和集成测试。

（6）打包发布：测试完成后，可将开发好的系统程序进行部署设置，做成安装程序，提供给用户安装使用。

上述系统开发步骤适用于"职苑物业管理系统"的开发实现。

任务实施

基于系统开发的基本流程，分析"职苑物业管理系统"的具体需求，实现系统的功能设计，为后面的编码实现提供基本遵循。

一、需求分析

随着住宅小区物业管理信息化水平的逐步提升，伴随着小区的规模不断扩大和住户的不断增多，像小区中的汽车、小区附带设施、住户信息管理等都将越来越复杂，工作量也将越来越大。物业管理迫切需要借助计算机信息管理系统来帮助管理，提高管理水平和效率。

小区物业管理系统在各个小区中都具有广泛应用，是为小区管理者和小区用户更好地维护小区各项物业管理业务处理工作而开发的管理软件，根据需求分析，实现小区管理功能。对物管中心来说，小区的楼宇、房间，用户的管理，小区内停车场的管理等都需要考虑到；对小区基本建筑要有具体介绍；对房屋出租情况要有管理员记载；等等。

通过实际调研与可行性分析，同时考虑到初学C#读者的知识体系，"职苑物业管理系统"主要考虑小区物业管理的普遍要求，物业管理系统主要包括：

（1）对小区所有房屋资料的管理，包括录入、增加、删除、修改、查询等功能的实现，再基于这些小区的房产资源对小区进行管理。

（2）对小区内住户资料的管理，包括增加、删除、修改、查询等功能的实现，这些也是一个小区的基本资源。

（3）在具有了所有基本资料信息后，需要实现实质性的物业管理。主要的管理业务包括：收费管理、停车管理等。这些成为小区物业管理的主体。

（4）为更好地使用物业管理系统，也需提供系统使用者的相关管理功能，如注册、修改密码等功能。

二、功能设计

小区物业管理系统的任务是用计算机管理和维护小区居住人口管理与停车管理以及一些水费、电费、天然气费、进出车量的管理，并提供各种查询功能。它不仅具有检索迅速、查找方便、操作简单、可靠性高、存储量大、保密性好、寿命长和成本低的优点，还可以极大地提高小区管理员的工作效率和质量。

根据需求分析，"职苑物业管理系统"按照管理来分，主要分为：用户管理、楼盘管理、住宅管理、门面房管理、停车场管理、物业费管理等。

（1）用户管理功能主要提供与系统本身管理相关的功能，主要是系统用户的管理，具体功能如下：

① 用户管理，包括用户注册、删除以及密码修改等。

② 关闭系统。

（2）楼盘管理功能主要提供对小区建筑物的基本信息管理，主要信息包括门牌号、户型、出租或销售、产权号、面积等，具体功能如下：

① 楼盘信息检索。

② 添加、修改楼盘信息。

（3）住宅管理功能主要提供对小区住宅信息的管理，主要信息包括住户信息、物业费信息等，具体功能如下：

① 住宅信息检索。

② 添加、修改住宅信息。

（4）门面房管理功能主要提供对小区商铺信息的管理，主要信息包括相关人员信息、物业费信息等，具体功能如下：

① 门面房信息检索。

② 添加、修改门面房信息。

（5）物业费管理功能主要提供对小区物业费的管理，具体功能如下：

① 收费管理。

② 收费信息查询。

（6）停车场管理功能主要提供对进驻小区的车辆信息和收费的管理，具体功能如下：

① 停车管理。

② 统计查询。

根据以上功能要求，系统的模块划分和功能分析如图1-2所示。

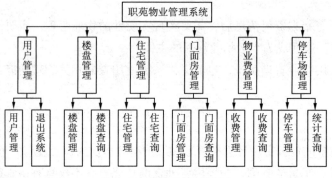

图 1-2　系统功能结构图

三、数据存储设计

管理信息系统需要处理与业务需求相关的各种数据，这些数据要能很好地被存储，数据存储设计是系统开发首要的和基础的任务。数据库是当前管理信息系统存储数据的主要技术手段，数据库设计是系统开发的一个重要环节。考虑到C#初学者数据库知识的欠缺，"职苑物业管理系统"的数据存储基于Access数据库进行设计，其使用起来可以类比Excel表格。对数据库的存储可基于封装好的数据库处理类进行直接调用，屏蔽底层实现细节。

本书采用的是Access 2013数据库，数据库文件为zywy.mdb，在该数据库中有6张数据表，分别为：用户管理表、房屋信息表、住宅管理表、门面房管理表、物业费管理表、停车场收费管理表。

1. 用户管理表Usermanager

Usermanager表用于存储系统管理用户的信息，其表的设计见表1-1。

表 1-1　用户管理表 Usermanager

字　　段	类　　型	说　　明	C# 参照类型
Username	Text(6)	用户名，主键	string
Password	Text(10)	口令	string

2. 房屋信息表Building

Building表用于存储建筑物的基本信息，其表的设计见表1-2。

表 1-2　房屋信息表 Building

字　　段	类　　型	说　　明	C# 参照类型
Mph	Text(10)	门牌号，主键，门面房门牌号以 M 开头	string
Hx	Text(10)	户型	string
Lx	Text(2)	出租或销售	string

字　段	类　型	说　明	C# 参照类型
Cqh	Text(9)	产权号	string
Mj	Float	面积	double

3．住宅管理表House

House表用于存储住宅、住户的基本信息，其表的设计见表1-3。

表1-3　住宅管理表 House

字　段	类　型	说　明	C# 参照类型
id	自动编号	主键	int
Hzsfz	Text(18)	户主身份证号码，一个身份证可能有多套住房	string
Hzxm	Text(10)	户主姓名	string
hzXb	Text(1)	户主性别	string
hzDh	Text(11)	联系电话	string
Czrk	Int	常住人口数	int
wyf	Float	物业管理费，住宅 1 元 / 平方米	double
Mph	Text(10)	门牌号	string
Photo	Text(200)	户主照片	string

4．门面房管理表Shop

Shop表用于存储门面房的基本信息，其表的设计见表1-4。

表1-4　门面房管理表 Shop

字　段	类　型	说　明	C# 参照类型
id	自动编号	主键	int
Czrxm	Text(10)	承租人姓名	string
Czrdh	Text(11)	承租人联系电话	string
syrxm	Text(10)	所有人姓名	string
syrdh	Text(11)	所有人联系电话	string
wyf	Float	物业管理费，门面房 0.8 元 / 平方米	double
Mph	Text(10)	门牌号	string

5．物业费管理表wyf

wyf表用于存储物业费信息，其表的设计见表1-5。

表1-5　物业费管理表 wyf

字　段	类　型	说　明	C# 参照类型
id	自动编号	主键	int
Mph	Text(10)	门牌号	string
wyf	Float	物业管理费	double
jfyf	Datetime	缴纳物业费月份	DateTime
Sfrq	Datetime	缴费日期	DateTime
Jbr	Text(10)	经办人	string

6．停车场收费管理表Tccsf

Tccsf表用于存储停车场基本管理信息，其表的设计见表1-6。

表 1-6　停车场收费管理表 Tccsf

字　　段	类　　型	说　　明	C# 参照类型
id	自动编号	主键	int
cph	Text(10)	车牌号	string
Rcsj	Datetime	入场时间	DateTime
Lcsj	Datetime	离场时间	DateTime
Sjsf	Float	实际收费	double

Access 2013中设计好的数据存储如图1-3所示。

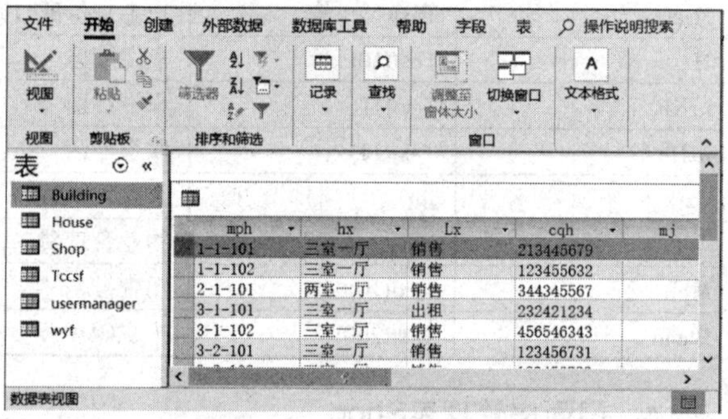

四、系统流程

在"职苑物业管理系统"中，用户的业务管理操作都会按照特定的顺序来完成。下面介绍从用户登录系统到结束操作的一般处理流程。

根据前面的分析，"职苑物业管理系统"

图 1-3　Access 数据存储

只有登录的用户才能使用，用户登录后，根据具体业务执行相关的菜单命令，通过窗体界面的交互完成业务管理。"职苑物业管理系统"的基本处理流程如图1-4所示。

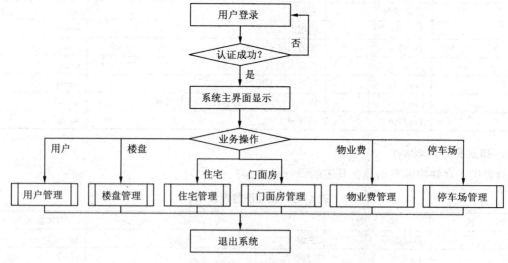

图 1-4　系统操作流程图

任务 2　项目功能演示

任务导入

通过使用本书所附的"职苑物业管理系统"，体验小区物业管理系统的主要功能。

知识技能准备

"职苑物业管理系统"是在Windows 10家庭版操作系统下开发的，程序测试环境为Windows 10家庭版。用户在Windows 10家庭版下正确配置程序所需的运行环境后，可以体验"职苑物业管理系统"的各项管理功能。系统具体配置如下。

【硬件平台】
➢ CPU：英特尔i5–2430M 2.4 GHz及以上。
➢ 内存：4 GB以上。

【软件平台】
➢ 操作系统：Windows 10。
➢ 集成开发环境：Microsoft Visual Studio Community 2015（VS2015社区版）。
➢ 数据库：Microsoft Access 2013。

如果需要使用"职苑物业管理系统"的源程序，可安装配置好相关软件，把源程序文件夹复制到本地计算机硬盘上，打开Microsoft Visual Studio Community 2015集成开发环境，选择"文件"菜单下的"打开"菜单项的"项目/解决方案"命令，在弹出的对话框中找到本地计算机硬盘中的"职苑物业管理系统"源程序的根文件夹，选择wygl.sln解决方案文件，单击对话框中的"打开"按钮即可打开"职苑物业管理系统"项目。

在Microsoft Visual Studio Community 2015集成开发环境中按【Ctrl+F5】组合键即可运行"职苑物业管理系统"项目。

任务实施

"职苑物业管理系统"的界面主要由用户登录、系统主窗体、用户管理、楼盘管理、住宅管理、门面房管理、停车场管理、物业费管理等几大窗体组成，风格基本一致。

视频

一、任务完成步骤

（1）进入登录界面。
（2）登录"职苑物业管理系统"。
（3）选择具体业务管理操作，如进行用户管理、楼盘管理、住宅管理、门面房管理、停车场管理、物业费管理等，添加、修改和查看相关信息。
（4）操作完毕，退出系统。

二、用户登录

用户登录窗体是系统运行后的第一个界面，是一个较通用的软件登录界面，要求输入合法的用户信息后才能登录系统，如图1-5所示。

三、系统主界面

用户登录成功后，进入系统主界面，如图1-6所示。主界面从上到下依次由菜单栏、工具栏、主工作区以及状态栏组成。菜单栏提供了"职苑物业管理系统"中各业务逻辑的功能菜单，工具栏中设置了一些常用菜单命令的快捷按钮，如住宅信息添加、物业费管理等，工具栏所在行也显示当前登录用户和登录系统时长等信息。主工作区是用户操作的主要区域，用户单击某个菜单功能时，对应的窗体界面将显示在主工作区，状态栏显示系统运行时的基本状态。

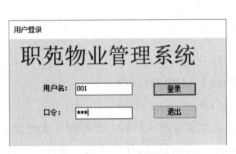

图 1-5　用户登录界面

图 1-6　系统主界面

四、用户管理

用户管理功能主要包含用户注册、用户删除、用户密码修改和退出系统等功能。对于系统用户，只有管理员用户admin账号才有权限进行添加、删除用户，其他用户账号只能修改自己的密码。单击"用户管理"主菜单下的"用户管理"菜单项，或者单击工具栏中的 按钮，可以进入用户管理界面，根据登录用户是否为admin账号，显示界面有所不同，如图1-7所示，该界面可以实现当前登录用户相应权限的管理操作。单击"用户管理"主菜单下的"退出"菜单项可退出"职苑物业管理系统"。

图 1-7　用户管理界面

五、楼盘管理

楼盘管理功能主要包括楼盘基本信息的添加、修改、删除和查询等功能。单击"楼盘管理"主菜单下的"楼盘信息输入"菜单项，或者单击工具栏中的▓按钮，可以进入楼盘信息管理界面，如图1-8所示。楼盘信息管理界面的上半部分为楼盘基本信息的添加和修改区域，下半部分为当前楼盘信息的列表。输入楼盘基本信息后，单击"保存"按钮，可实现楼盘信息的添加功能。在楼盘信息列表区的列表行上右击，可弹出能对当前行进行操作的"修改"和"删除"快捷菜单项；单击"修改"菜单项，当前行的楼盘信息会展示在楼盘基本信息的添加和修改区，用户修改好信息后，单击"更新"按钮，可实现楼盘信息的修改功能；单击"删除"菜单项，可将当前行的楼盘信息删除。

单击"楼盘管理"主菜单下的"楼盘信息查询"菜单项，可以进入楼盘信息查询界面，如图1-9所示。在楼盘信息查询界面，用户可以根据楼盘的门牌号查询楼盘的基本信息。

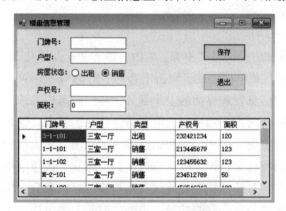

图 1-8　楼盘信息管理界面　　　　　　　图 1-9　楼盘信息查询界面

六、住宅管理

住宅管理功能主要包括与住宅相关的户主和住宅信息的添加、修改、删除和查询等功能。单击"住宅管理"主菜单下的"住宅信息输入"菜单项，或者单击工具栏中的▓按钮，可以进入住宅信息管理界面，如图1-10所示。住宅信息管理界面的上半部分为与住宅相关的户主和住宅信息的添加和修改区域，下半部分为当前与住宅相关的户主和住宅信息的列表。输入户主和住宅基本信息后，单击"保存"按钮，可实现户主和住宅信息的添加功能。在户主和住宅信息列表区的列表行上右击，可弹出能对当前行进行操作的"修改"和"删除"快捷菜单项；单击"修改"菜单项，当前行的信息会展示在信息的添加和修改区，用户修改好信息后，单击"更新"按钮，可实现与住宅相关的户主和住宅信息的修改功能；单击"删除"菜单项，可将当前行的住宅信息删除。在添加或修改户主和住宅信息时，可以通过单击"照片"按钮添加或修改户主照片信息。

单击"住宅管理"主菜单下的"住户信息查询"菜单项，可以进入住户信息查询界面，如图1-11所示。在住户信息查询界面，用户可以根据房屋的门牌号、户主姓名或户主身份证查询户主和住宅的基本信息。

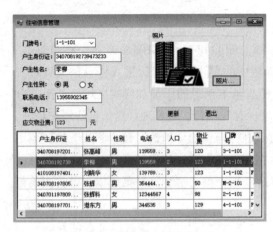

图 1-10　住宅信息管理界面　　　　　　　图 1-11　住户信息查询界面

七、门面房管理

门面房管理功能主要包括与门面房相关的人员和房屋信息的添加、修改、删除和查询等功能。单击"门面房管理"主菜单下的"门面房信息输入"菜单项，或者单击工具栏中的 ![] 按钮，可以进入门面房信息管理界面，如图1-12所示。门面房信息管理界面的上半部分为与门面房相关的人员和房屋信息的添加和修改区域，下半部分为当前与门面房相关的人员和房屋信息的列表。输入人员和门面房基本信息后，单击"保存"按钮，可实现人员和门面房信息的添加功能。在人员和门面房信息列表区的列表行上右击，可弹出能对当前行进行操作的"修改"和"删除"快捷菜单项；单击"修改"菜单项，当前行的信息会展示在信息的添加和修改区，用户修改好信息后，单击"更新"按钮，可实现与门面房相关的人员和房屋信息的修改功能；单击"删除"菜单项，可将当前行的门面房信息删除。门面房的人员信息分为所有人和承租人信息。

单击"门面房管理"主菜单下的"门面房信息查询"菜单项，可以进入门面房信息查询界面，如图1-13所示。在门面房信息查询界面，用户可以根据房屋的门牌号、承租人姓名或所有人姓名查询门面房的基本信息。

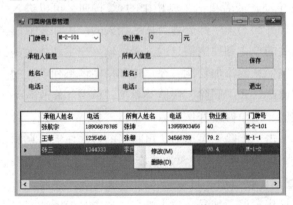

图 1-12　门面房信息管理界面　　　　　　图 1-13　门面房信息查询界面

八、物业费管理

物业费管理功能主要包括物业费的收缴、修改、删除和查询等功能。单击"物业费管理"主菜单下的"物业费收取"菜单项，或者单击工具栏中的 按钮，可以进入物业费管理界面，如图1-14所示。物业费管理界面的上半部分为物业费信息的收取和修改区域，下半部分为当前物业费信息的列表。输入物业费收缴基本信息后，单击"保存"按钮，可实现物业费的收取功能。在物业费信息列表区的列表行上右击，可弹出能对当前行进行操作的"修改"和"删除"快捷菜单项；单击"修改"菜单项，当前行的信息会展示在信息的添加和修改区，用户修改好信息后，单击"更新"按钮，可实现与物业费信息的修改功能；单击"删除"菜单项，可将当前行的物业费信息删除。应缴物业费的金额是根据楼盘类型和收费标准自动计算的。

单击"物业费管理"主菜单下的"物业费统计查询"菜单项，可以进入物业费信息查询界面，如图1-15所示。在物业费信息查询界面，用户可以根据缴纳时间、物业费缴纳状态查询相关物业费的基本信息。单击"数据导出"按钮，可将查询出的物业费信息导出到文件中。

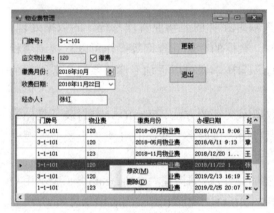

图 1-14 物业费管理界面

图 1-15 物业费信息查询界面

九、停车场管理

停车场管理功能主要包括停车费的收缴、修改、删除和查询等功能。单击"停车场管理"主菜单下的"停车收费"菜单项，或者单击工具栏中的 按钮，可以进入停车场收费管理界面，如图1-16所示。停车场收费管理界面的上半部分为停车费信息的收取和修改区域，下半部分为当前停车费信息列表。输入停车费收缴基本信息后，单击"保存"按钮，可实现停车费的收取功能。在停车费信息列表区的列表行上右击，可弹出能对当前行进行操作的"修改"和"删除"快捷菜单项；单击"修改"菜单项，当前行的信息会展示在信息的添加和修改区，用户修改好信息后，单击"更新"按钮，可实现与停车费信息的修改功能；单击"删除"菜单项，可将当前行的停车费信息删除。

单击"停车场管理"主菜单下的"停车场收费查询"菜单项，可以进入停车场收费信息查询界面，如图1-17所示。在停车场收费信息查询界面，用户可以根据车牌号查询相关停车收费基本信息。

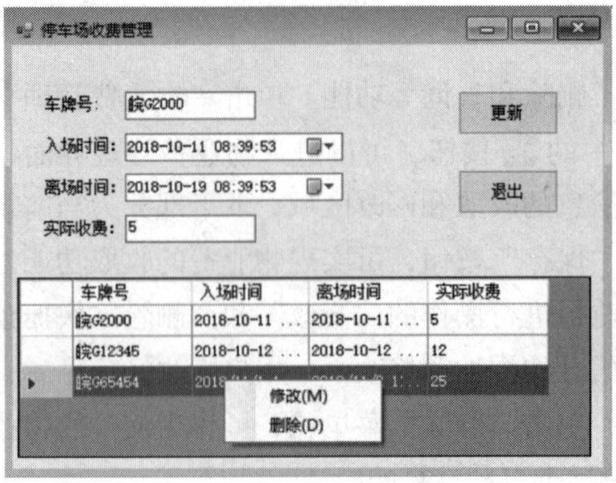

图1-16 停车场收费管理界面

图1-17 停车场收费信息查询界面

知 识 拓 展

考虑到C#初学者在数据库编程处理方面的知识欠缺，在"职苑物业管理系统"的数据处理，即与Access 2013数据库的交互上封装了底层实现细节，数据的存储和查询等操作可以直接调用相应的数据处理类的方法来实现，对上层调用是透明的。C#初学者可以更加专注于系统业务逻辑的处理和C#编程知识的学习。

在数据封装实现上，DBHelper类封装了与底层数据库交互的方法，WyglDAL类封装了具体的业务数据操作方法，DBHelper类向WyglDAL类的数据存储提供服务，WyglDAL类为上层业务逻辑的处理提供数据交互服务。

例如：在实现用户密码修改功能时，基于用户提供的修改数据构建一个UserInfo类（表示用户信息）的实例对象，验证数据的合法性后，直接调用WyglDAL.UpdateUsermanager(UserInfo)方法实现用户信息的修改功能，具体的参考代码如下：

```
UserInfo user=new UserInfo();
user.Username=txtUsernameModi.Text;
user.Password=txtPwdOld.Text;
//修改密码前验证用户的原始用户名和口令是否正确
if(WyglDAL.UserExist(user)!=1)
{
    MessageBox.Show("原始用户名或口令错误！");
    txtUsernameModi.Focus();
    return;
}
//判断新口令是否一致
if(txtPwdNewAgain.Text!=txtPwdNew.Text)
{
    MessageBox.Show("新口令不一致，请检查！");
    return;
}
user.Password=txtPwdNew.Text;
if(WyglDAL.UpdateUsermanager(user)==1)
```

```
    MessageBox.Show("保存成功");
else
    MessageBox.Show("保存失败! ");
```

小　结

本单元内容围绕"职苑物业管理系统"的项目需求、功能设计、数据存储设计等内容向读者介绍了小区物业管理系统的相关信息，构建出"职苑物业管理系统"的大体轮廓，让读者对即将开发的系统有一个整体和全面的认识。通过系统开发流程的介绍，让读者也了解到小型管理信息系统开发的一般方法和具体流程。

基于"职苑物业管理系统"的功能设计，向读者演示了该系统的主要操作界面和功能，使读者能更好地了解系统的具体功能，为后面的学习以及项目的开发打下良好的基础。"职苑物业管理系统"的实现需要数据的支撑，对数据的处理进行了透明化的封装，随着读者学习的深入，对该封装处理机制会有更加明确的认识。

实　训

运行"职苑物业管理系统"项目，结合"职苑物业管理系统"的功能设计，熟悉系统的基本功能。使用用户名admin、口令admin登录系统，实际操作一下应用系统，了解用户管理、楼盘管理、住宅管理、门面房管理、物业费管理、停车管理各模块的功能需求和具体操作，熟悉用户界面架构。

习　题

一、填空题

1. 信息管理系统（MIS）开发步骤中，_____阶段是系统开发的基础。

2. "职苑物业管理系统"案例运行后，_____是系统运行后的第一个界面，在该界面登录成功后显示_____界面。

二、简答题

1. 小型管理信息系统开发的一般流程包括哪些具体阶段？

2. 为了能使"职苑物业管理系统"的功能更加完备，你认为该系统还应包含哪些功能？这些功能包含哪些具体的业务操作？

3. 可实地到学校或附近小区的物业管理部门调研，了解其所使用的物业管理系统，熟悉物业管理系统的主要功能。

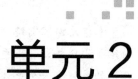

单元 2
.NET 开发环境搭建

本单元主要实现.NET开发环境的搭建，涉及.NET Framework技术架构、Visual Studio 2015（Community版）集成开发环境的安装与配置等知识，为接下来职苑物业管理系统的开发奠定基础。

学习目标

➤ 熟悉C#的特点；

➤ 了解.NET及.NET Framework；

➤ 掌握集成开发环境的安装与配置；

➤ 掌握控制台应用程序及Win窗体应用程序的创建流程。

具体任务

➤ 任务一　搭建物业管理系统开发环境

➤ 任务二　创建C#应用程序项目

任务 1　搭建物业管理系统开发环境

任务导入

随着我国市场经济的快速发展，人们的生活水平不断提高，生活节奏不断加快，简单的社区服务已经不能满足小区业主们的需求。为了使物业管理更快捷更高效，信息技术的应用就变得越来越迫切，物业管理系统应运而生，它促使物业管理向信息化与科学化迈进。

经过前期的市场调研、需求分析、功能与数据库设计之后，系统进入开发阶段。职苑物业管理系统采用Visual Studio 2015（Community版）开发平台，开发语言采用C#，数据库采用SQL Server 2012。

搭建物业管理系统开发环境主要包括Visual Studio IDE的安装与配置、Web服务器的安装与配置、数据库服务器的安装与配置。本单元主要介绍Visual Studio 2015集成开发环境搭建，其他将在后续单元涉及。

知识技能准备

一、C# 的特点

C#是一种安全的、稳定的、简单的，由C和C++衍生出来的面向对象的编程语言。

C#是专为.NET应用而开发的语言。这从根本上保证了C#与.NET框架的完美结合。在.NET运行库的支持下，.NET框架的各种优点在C#中表现得淋漓尽致。C#的突出的特点如下：

➢ 可避免指针等，语法更简单、易学；

➢ 支持跨平台；

➢ 面向对象且避免了多继承；

➢ 现代快速应用开发（RAD）功能；

➢ 语言的兼容、协作交互性；

➢ 与XML的天然融合；

➢ 对C++的继承且类型安全；

➢ 版本可控。

相信随着学习的深入，读者将会逐渐体会到"#"——Sharp（锋利的）的真正含义。

二、什么是 .NET

为迎接互联网的挑战，2000年6月，微软公司宣布了.NET战略，该战略体现了下一代软件开发的新趋势。按照微软公司的定义，.NET是微软公司的XML Web服务平台，它是为了解决互联网应用中存在的普遍问题而预先建立的基础设施。

开发人员一般将微软看成一个平台厂商：微软搭建技术平台，而开发人员在这个技术平台之上创建应用系统。从这个角度看，对.NET也可以进行如下定义：.NET是微软的新一代技术平台，为敏捷商务构建互联互通的应用系统，这些系统是基于标准的、连通的、适应变化的、稳定的和高性能的。

这个平台允许开发人员随心所欲地选择不同的语言；.NET环境下，采用了标准通信协议，可实现不同平台上的沟通。

三、.NET Framework

.NET的核心是.NET框架（.NET Framework），C#语言也是建立在.NET Framework环境之上的。

.NET Framework是用于构建和运行下一代软件应用程序和XML Web服务的Windows组件。其体系结构如图2-1所示。

最上层是应用程序，分为面向网络应用的ASP.NET程序和面向Windows系统的Windows应用程序，两者均可使用VC#.NET、VC++.NET、VB.NET等来编写。

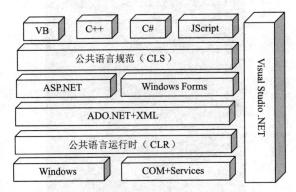

图2-1　.NET Framework 体系结构

.NET框架的中间一层是基础类库，它提供一个可以供不同编程语言调用的、分层的、面向对象的函数库。

底层是公共语言运行环境（CLR），它提供了程序代码可以跨平台执行的机制。

四、Visual Studio 2015（Community版）的运行平台和最低配置

VC#是Visual Studio .NET的一部分。作为一个强大的集成开发工具，Visual Studio .NET对系统环境有较高的要求。因此，在安装VC#之前要全面确定所使用计算机的软、硬件配置情况，看看是否达到基本配置要求，以便正确安装并全面使用其强大的功能。以Visual Studio 2015（Community版）为例，其运行平台和最低配置如表2-1所示。

表2-1 Visual Studio 2015（Community版）运行平台和最低配置

硬件最低配置	支 持 平 台
1.6 GHz 或更快的处理器	Windows 10
1 GB 的 RAM（如果在虚拟机上运行则需 1.5 GB）	Windows 8.1、Windows 8
4 GB 可用硬盘空间，5 400 r/min 硬盘驱动器	Windows Server 2012 Windows Server 2012 R2
支持 Direct X9 视频卡（1 024×768 或更高分辨率）	Windows Server 2008 R2 SP1

任务实施

了解了相关的背景知识之后，接下来的任务就是在Windows 8操作系统上安装Visual Studio 2015（Community版）。

首先需要在微软官网上下载Visual Studio 2015（Community版）的安装包。双击从微软官网上下载的安装程序 vs_community.exe，将打开图2-2所示的窗口，等待安装程序初始化进度结束后，会进入"选择安装位置"设置窗口，如图2-3所示。

图 2-2 安装程序初始化窗口

图 2-3 "选择安装位置"设置窗口

安装程序一般默认将系统安装在C盘符下，建议大家修改安装位置，如安装在D盘符下的相应位置（当然首先得确保有足够的磁盘空间）。选择安装类型时，建议选择"典型"安装。完成设置后单击右下角的"安装"按钮开始安装。安装的组件较多，安装时间较长，要耐心等待安装程序完成任务。

安装结束后，便可启动Visual Studio 2015。启动后，将出现一个包含许多菜单、工具组件窗口的集成开发环境，同时还会出现一个包含入门、指南和资源、最新新闻和项目选项的"起始页"窗口，它是默认打开的Web浏览器主页，如图2-4所示。

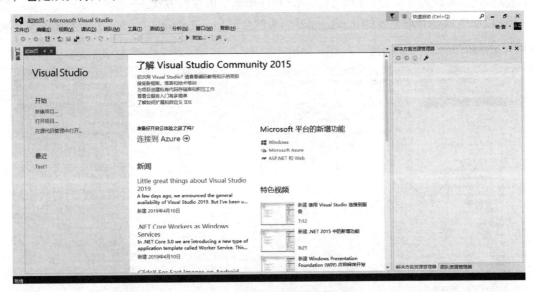

图 2-4　集成开发环境初始界面

至此，第一个任务就完成了，下面学习如何在集成开发环境中创建应用程序项目，并熟悉常用的应用程序项目设计流程。

说明：下载的Visual Studio应用程序是有一定使用期限的，一旦超过了该期限将无法正常使用。不过，该问题也很容易解决，只需注册一个微软账号并登录便可继续使用该程序。关于账号的注册，将在本单元的拓展环节进行介绍。

任务 2　创建 C# 应用程序项目

任务导入

项目的创建是系统开发的第一步，Visual Studio中通过创建应用程序项目来统一组织和管理项目文件，创建好应用程序项目后便可开始程序开发了。

当然，本节中不会马上开始职苑物业管理系统的开发，所以创建好系统项目后，将以设计制作职苑物业管理系统欢迎界面为任务，先来了解VS集成开发环境下常用的Windows窗体应用程序开发的基本流程。

一、Visual Studio 2015 界面组成

完成Visual Studio 2015集成开发环境的搭建，在开始使用其进行项目开发前，先来熟悉一下集成开发环境的界面构成。

Visual Studio 2015提供所见即所得的界面设计、简单快捷的代码编程、灵活使用的代码分离技术以及动态调试和跟踪等功能，给编辑、调试程序带来了极大的方便。

下面以职苑物业管理系统的首页login界面为例介绍Visual Studio 2015集成开发环境的界面构成，如图2-5所示。

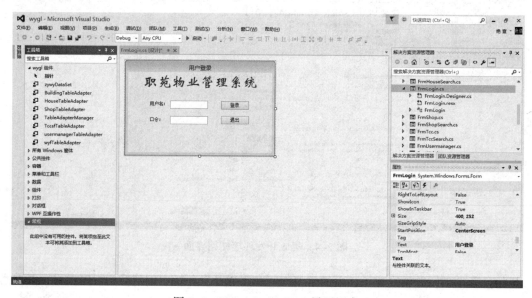

图 2-5　Visual Studio 2015 界面组成

Visual Studio 2015窗口界面的上方是菜单栏，它提供该环境的所有可视操作功能。菜单栏下面是工具栏，提供了部分常用菜单项的快捷方式。界面中间是Visual Studio 2015开发界面的主要工作区，它是应用程序界面设计和代码编写的主要场所。界面左侧有"工具箱"和一些被缩放的窗口，如数据源窗口等；右侧为"解决方案资源管理器"和"属性"窗口等。

上述每个窗口都有一个"自动隐藏"按钮 ——它表示当用户不再使用此窗口时，它会自动隐藏到窗口边缘；单击"自动隐藏"按钮，图标会变成固定按钮 ——此时窗口将一直固定位置，直到用户再次单击它为止；单击每个窗口的上边缘，按住鼠标不放进行拖动，可以将窗口拖动到任何位置，当拖动到平台窗口边缘时，又能融合到主窗口中。用户若不需要此窗口也可以单击"关闭"按钮将其关闭。这些窗口可以自由设置、调整、组合、大大方便了技术人员的开发编程工作。

二、工具箱与属性窗口

1. 工具箱

控件工具箱窗口一般在主窗口的左侧，它包含了各类显示的控件，是一个树状列表，单击控件分类名称可以展开或折叠。在设计Win窗体界面时，可以直接通过拖放或双击工具箱中控件来实现控件的添加，如图2-6所示。

2."属性"窗口

在设计Web窗体应用程序界面时，开发者可以直接通过"属性"窗口设置所选对象的属性，省去了编写代码的烦琐，提高了系统开发效率，如图2-7所示。

图 2-6 工具箱

图 2-7 "属性"窗口

三、解决方案资源管理器

解决方案资源管理器用于显示解决方案、解决方案的项目及这些项目中的子项，如图2-8所示。

解决方案是创建一个应用程序所需要的一组项目，包括项目所需的各种文件、文件夹、引用和数据连接等。

通过解决方案资源管理器，可以打开文件进行编辑，向项目中添加新文件，以及查看解决方案、项目、项目属性。如果集成开发环境中没有显示"解决方案资源管理器"窗口，可以选择"视图"→"解决方案资源管理器"命令显示该窗口，或者直接通过快捷键【Ctrl+W】→【Ctrl+S】实现。

图 2-8 解决方案资源管理器

任务实施

了解了相关的背景知识之后，接下来的任务就是在Visual Studio 2015集成开发环境中创建职苑物业管理系统项目。学习Windows窗体应用程序项目的创建流程，并完成一个简单的欢迎界面设计。

任务实施流程如下：

（1）启动Visual Studio 2015。

（2）创建项目。创建项目的方式有如下三种：

视 频

① 选择"文件"→"新建"→"项目"命令（见图2-9），弹出"新建项目"对话框。

② 在"起始页"界面中，单击"开始"下方的"新建项目"按钮（见图2-10），弹出"新建项目"对话框。

③ 按快捷键【Ctrl+Shift+N】，弹出"新建项目"对话框。

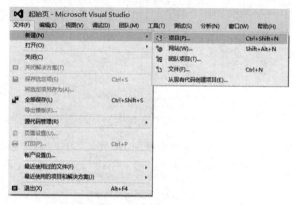

图 2-9 选择"项目"命令

图 2-10 单击"新建项目"按钮

（3）选择项目类型。在"新建项目"对话框中，开发语言选择"Visual C#"，开发项目模板选择"Windows窗体应用程序"，输入项目名称"zywygl"，指定保存位置为"D:\C#\"（请读者提前在D盘符下创建好该文件夹），单击"确定"按钮，如图2-11所示。

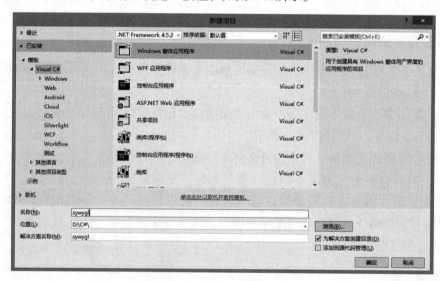

图 2-11 "新建项目"对话框

（4）进入设计界面。项目创建完成后，出现图2-12所示的界面。中间是供开发者设计的Form窗体，利用开发环境中的工具箱，在窗体上添加相应的控件，完成窗体的界面设计。

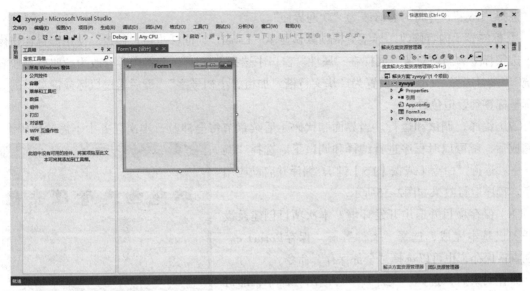

图 2-12 设计界面

（5）添加窗体控件。将鼠标移动到Form窗体的右边框、下边框、右下角三处，按住鼠标左键调整窗体的尺寸。调整到合适大小后，在左侧工具箱中，单击展开"公共控件"，选择"Label（标签）"控件，如图2-13所示。返回到Form窗体中，拖动鼠标画出一个矩形，为窗体添加一个标签控件，如图2-14所示。

图 2-13 公共控件

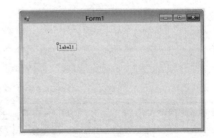

图 2-14 Form 窗体

（6）设置控件属性。标签控件添加完成后，利用"属性"窗口为窗体及标签进行进一步的设置，以达到设计要求。

① 添加窗体标题。窗体标题栏上默认显示"Form1"，开发者可根据自己的设计需要进行修改。使用鼠标在窗体上单击选定窗体为当前对象，"属性"窗口中会对应显示其所有可调整项。

选择"Text",并将内容修改为"欢迎界面"。

② 标签显示内容修改。标签方框内默认显示"Label1",同样也可以修改。使用鼠标在窗体上单击选定标签为当前对象,同样在"属性"窗口中选择"Text",并将内容修改为"职苑物业管理系统"。接着选择"Font",设置为"华文行楷、加粗、小初号字"。最后通过鼠标或键盘上的方向键调整标签到合适位置。

（7）编译、调试和运行。当界面和代码（后续章节将会涉及,本次任务中不需要代码编写）都完成后,就可以对程序进行编译和调试了。选择"调试"→"运行"命令（或按【F5】键）,编译并启动应用程序。程序运行效果如图2-15所示。

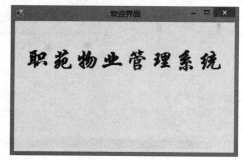

（8）保存项目并退出开发环境。本次项目创建及设计任务已基本完成,选择"文件"→"保存Form1.cs"命令直接保存,也可以选择"全部保存"命令。

保存结束后,选择"文件"→"退出"命令,即可关闭Visual Studio 2015,退出集成开发环境。

图2-15 最终运行效果

C#集成开发环境下不仅可以进行上例类似的Windows窗体应用程序的开发,还可以进行控制台应用程序的开发,相关内容将在下一单元展开介绍。

知 识 拓 展

注册 VS 账号

注意：以下操作须在联网状态下进行。

操作方法如下：

（1）单击启动界面右上角的小头像图标,去微软官网进行注册,如图2-16所示。

（2）在随后打开的页面中,单击选择账号邮箱输入栏下方的"创建一个"超链接,如图2-17所示。

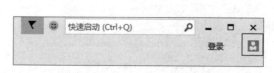

图2-16 选择注册

图2-17 选择创建账户

（3）在新的注册界面输入自己想要注册的邮箱名（可以不是微软提供的Outlook）。接着设置自己的密码,密码必须至少包含 8 个字符,其中包括以下至少两种字符：大写字母、小写字母、数字和符号。

（4）完成邮箱认证。登录自己注册账号的邮箱，单击收到的邮件，找到微软发送的注册邮件，复制其中的验证码并填入，接着按照指引完成注册的其他工作。

（5）注册成功后，便会自动登录账号，今后可以免费使用VS应用程序。

小　结

本章主要介绍了Visual Studio 2015安装和配置，以及创建物业管理系统项目，具体要求掌握的内容如下：

（1）Visual Studio 2015安装和配置。Visual Studio 2015安装分为默认安装和自定义安装。默认安装直接单击"安装"按钮即可；自定义安装要选择安装路径和功能，一般要求对Visual Studio 2015的功能具有一定的了解。

（2）创建物业管理系统项目。掌握Visual Studio 2015界面组成、Windows窗体应用程序的创建、调试及运行的流程。

实　训

【巩固训练】

实训1　安装Visual Studio 2015（Community版）平台。

实训2　创建物业管理系统项目，并在项目下创建欢迎界面窗体。

【拓展训练】

创建Windows窗体应用程序，并设计窗体达到图2-18所示的运行效果。

图2-18

习　题

一、选择题

1. C#应用程序项目文件的扩展名是（　　）。

　　A. csproj　　　　　　B. cs　　　　　　　C. sln　　　　　　D. suo

2. 运行C#程序可以通过按（　　）键实现。

　　A. F5　　　　　　　B. Alt+F5　　　　　C. Ctrl+F5　　　　D. Alt+Ctrl+F5

3. 公共语言运行库可简写为（　　）。

　　A. MSIL　　　　　　B. JIT　　　　　　　C. CLR　　　　　　D. MSDN

4. .NET编程语言不包括（　　）语言。

　　A. Visual Basic　　　B. Visual C++　　　C. Visual C#　　　D. Java

二、简答题

1. 简述NET与C#的区别。

2. CLS、CTS、CLR分别指什么？

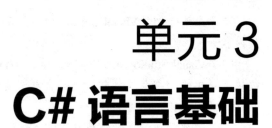

单元3
C# 语言基础

本单元介绍C#基础知识及控制台应用程序创建，具体介绍C#数据类型、常量和变量、三种基本程序结构、数组和结构体的应用。模拟物业管理系统主菜单、用户登录和系统功能选择，以及用户浏览等系统应用功能实现。

学习目标

➤ 掌握C#控制台应用程序创建方法；

➤ 理解C#的基本数据类型及使用；

➤ 理解C#的常量和变量概念及使用；

➤ 了解C#运算符和表达式的使用；

➤ 掌握C#的三种基本结构的使用；

➤ 理解C#中数组的概念和使用；

➤ 理解C#中结构的概念和使用。

具体任务

➤ 任务1　显示物业管理系统主菜单

➤ 任务2　物业费计算

➤ 任务3　模拟用户登录

➤ 任务4　选择菜单操作

➤ 任务5　浏览住户信息

➤ 任务6　查询住户信息

任务1　显示物业管理系统主菜单

 **任务导入**

"职苑物业管理系统"是一个基于C/S模式开发的项目，是使用面向对象的程序设计（Object

Oriented Programming，OOP）开发的，其中在软件界面设计中，菜单的设计是必不可少的，本任务主要就是设计"职苑物业管理系统"的主菜单（见图3-1），其中有"用户管理""楼盘管理"等诸多管理功能，通过菜单来显示这些功能供用户选择。本任务是通过创建控制台应用程序实现系统主菜单的显示。

【1】用户管理　【2】楼盘管理　【3】住宅管理　【4】门面房管理　【5】物业费管理　【6】停车场管理

图 3-1　"职苑物业管理系统"系统主菜单

知识技能准备

一、C# 程序基本结构

1．C#程序的组成

一个C#程序主要由以下几部分组成：

➤ 命名空间声明；

➤ 一个类；

➤ 类方法；

➤ 类属性；

➤ 一个Main方法；

➤ 语句和表达式；

➤ 注释。

下面通过一个简单的示例来说明C#程序的基本结构。

【例3-1】在屏幕上输出 "欢迎使用C Sharp!"。

程序代码：

```
1. using System;
2. namespace CsharpApplication
3. {
4.    class Csharp
5.    {
6.       static void Main(string[] args)
7.       {
8.          /* This is a C# simple program */
9.          Console.WriteLine("欢迎使用C Sharp!");
10.         Console.ReadKey();
11.      }
12.   }
13. }
```

编译和运行上面的程序，显示程序结果：欢迎使用C Sharp!

下面结合例3-1的程序代码来看看C#程序的基本组成：

（1）程序的第1行 "using System;"，使用using关键字在程序中引用名为System的系统命名空间。一个程序通常有多个using语句。

（2）第2行 "namespace CsharpApplication" 是命名空间（namespace）声明。命名空间是类的集合。Csharp应用程序命名空间包含类Csharp。

（3）第4行 "class Csharp" 是类声明，其中包含类的数据和程序使用方法定义，以class作为关键字进行声明。其中，类是具有相似属性和方法的对象集合，方法是定义了对象能做什么，详细内容将在本书后续章节介绍。

类一般包含一个以上的方法，方法定义类的行为。例3-1中的类Csharp只定义了Main方法。

（4）第6行定义了Main方法，C#程序中Main方法是C#应用程序的入口点。C#应用程序启动时，Main方法是第一个调用的方法。

（5）第8行 "/*...*/" 是C#程序的多行注释，它以/*开始，以*/结束，/*与*/之间是注释内容，如本例中的 "This is a C# simple program" 即为注释，该行在编译时会被编译器忽略。

C#程序还可以用 "//注释内容" 完成单行注释。

（6）第9行 "Console.WriteLine("欢迎使用C Sharp!");" 是Main方法声明的行为WriteLine。

WriteLine是在System命名空间中包含Console类的方法，此句会输出 "欢迎使用C Sharp!" 消息显示在屏幕上。

（7）第10行 "Console.ReadKey();" 的含义是使程序等待用户按任意按键，是为了让用户看清程序运行的结果，否则程序运行结果显示后会迅速关闭，让用户看不清程序运行结果。

2. C#程序的几个基本概念

1）命名空间（Namespace）

命名空间是Visual Studio提供系统资源的分层组织方式，就像文件系统中用一个文件夹容纳多个文件一样，在同一文件夹中文件名不能重复，C#程序也采用这种分层组织方式将类放入命名空间将相关的类组织起来，并且避免命名冲突。C#某单一空间中，如果有两个变量或函数的名称完全相同，就会出现冲突。

一个对象名称的有效空间主要解决的问题是 "名称重复"，包括但不仅限于类名称、函数名称、属性名称、变量名称、接口名称等。引入命名空间就解决了此类问题。使用C#编程时，可以通过两种方式使用命名空间。

首先是使用命名空间来组织其众多的类；此时常用using指令来引用命名空间。使用using指令，可以在不使用全名的情况下引用命名空间的类。

引用命名空间指令using：

```
using  <命名空间>
```

如例3-1中的第9行全名应该是：System.Console.WriteLine("欢迎使用C Sharp!");其中System是一个命名空间，Console是该命名空间中的类（中间用 "." 分隔），此时如果使用using关键字（using System;），则就无须使用完整名称了，可以写成例3-1所示的 "Console.WriteLine("欢迎使用C Sharp!");" 即可。

其次，在一些较大的项目中，声明命名空间可以控制类名称和方法名称的范围。

如例3-1中的第2行 "namespace CsharpApplication" 就是控制了类 Csharp 的范围。

声明命名空间可以利用namespace关键字完成，命名空间的名称必须是有效的C#标识符。

声明命名空间指令：

```
namespace   <命名空间名称>;
```

2）标识符

程序中的变量名、常量名、类名、方法名等都称为标识符。标识符是适用于变量、类、方法和其他各种用户定义对象的一般术语。

C#标识符命名应遵守以下三条规则：

（1）标识符只能由英文字母、数字、下画线和@字符组成，不能包含空格和其他字符。

（2）标识符不能用数字开头。

（3）不能用关键字当标识符。

具体C#语言关键字见附录A。

3）C#程序结构的特点

（1）C#区分大小写字符。

C#程序中的Main方法首字母必须大写，否则将不具有入口点的语义。如果首字母小写就会产生编译错误，编译失败。

（2）所有陈述和表达必须以分号（;）结束。

（3）程序从Main方法开始执行。

（4）括号的使用：C#程序中的代码段（如函数体、命名空间等）一般都以大括号{}包含起来；方法和部分命令语句（如while、for等）后面加小括号()。

二、控制台的输入/输出

C#控制台程序的输入/输出都是通过Console类实现的，这是.NET框架的运行库提供的输入/输出服务。如例3-1中第9行"Console.WriteLine("欢迎使用C Sharp!");"就是输出"欢迎使用C Sharp!"。

C#中Console类实现输出的方法指令有WriteLine( )和Write( )，这两个方法是实现在输出设备上输出，不同处是WriteLine( )在输出内容后再输出一个回车换行符，具体应用见例3-2。

Console类实现输入的方法指令有Read( )和ReadLine( )，这两个方法是实现在输入设备上接收数据，不同之处是Read( )读取一个字符，返回该字符的ASCII码；而ReadLine( )是读取一行，返回值是string类型，具体应用见例3-2。

【例3-2】从键盘中输入4 4和字符串bcd bcd分别使用Read( )和ReadLine( )接收数据并用WriteLine( )和Write( )显示出来。

代码（其中变量定义及数据类型概念暂且不管，这些内容详见任务2）：

```
using System;
namespace ConsoleApplication9
{  class Program
    { static void Main(string[] args)
      { Console.Write("请输入两个整数：");           //输出显示提示信息后不换行
        int x = Console.Read();   //读取输入的一个字符4置于x中，返回4的ASCII码52
        string y = Console.ReadLine();//读取输入的一行字符4置于y中，返回4的字符串"4"
```

```
            Console.Write("你输入两个整数分别是：");        //输出显示提示信息后不换行
            Console.Write(x);                            //输出显示x值后不换行
            Console.WriteLine(y);                        //输出显示y值后换行
            Console.WriteLine();                         //输出一空行后换行
            Console.WriteLine("请输入两个字符串：");        //输出显示提示信息后换行
            string s1=Console.ReadLine();//读取输入的字符串bcd置于s1中，返回字符串bcd
            int s2=Console.Read();//读取输入的一个首字符b置于s2中，返回b的ASCII码98
            Console.Write("你输入两个字符串分别是：");
            Console.Write(s1);                           //输出显示s1值后不换行
            Console.Write(" ");                          //输出空格后不换行
            Console.WriteLine(s2);
            Console.ReadKey();;                          //等待输入任意键，目的是让显示的结果暂停在屏幕上
        }
    }
}
```

运行时，按提示分别输入：

```
请输入两个整数：4  4
请输入两个字符串：
bcd
bcd
```

程序运行结果如图3-2所示。

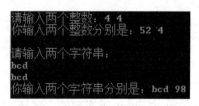

图3-2 例3-2运行结果

任务实施

为了显示物业管理系统的主菜单，首先要在Visual Studio 2015中创建控制台应用程序，下面学习如何创建控制台应用程序。

一、创建控制台应用程序

（1）启动：启动Visual Studio 2015，出现图3-3所示的起始页面。

（2）新建项目：单击图3-3中的"新建项目"按钮，或者选择"文件"→"新建"→"项目"命令（见图3-4），弹出"新建项目"对话框，如图3-5所示。

（3）项目命名：在"新建项目"对话框中选择"控制台应用程序"，然后输入项目名称（如mainmenu1）并选择存放位置后，单击"确定"按钮，则打开mainmenu1项目应用程序开发窗口，其中自动创建一个program.cs程序，如图3-6所示。

图 3-3　Visual Studio 2015 起始页面

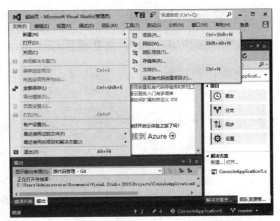

图 3-4　选择"项目"命令

图 3-5　"新建项目"对话窗口

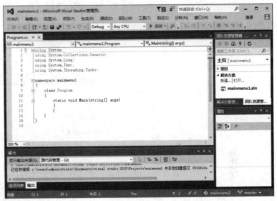

图 3-6　Visual Studio 2015 应用程序开发窗口

（4）编写代码：在自动生成的program.cs中，系统已经自动显示了最基本的一些通用指令，其中包含一个类program，也包含一个Main方法。C#程序中必须有一个Main方法，它是C#应用程序的入口点，C#应用程序启动时，Main方法是第一个调用的方法。此时在Main( )方法的{}中输入以下代码：

```
Console.WriteLine(" ");
Console.WriteLine(" ********************** ");
Console.WriteLine(" *    [1] 用 户 管 理    *");
Console.WriteLine(" *    [2] 楼 盘 管 理    *");
Console.WriteLine(" *    [0] 退 出 系 统    *");
Console.WriteLine(" ********************** ");
```

（5）保存运行：代码完成后，选择"文件"→"保存"命令或单击"保存"按钮💾（或按【Ctrl+S】组合键）保存程序，然后再选择"调试"→"开始调试"命令或按【F5】键，或单击"启动"按钮▶启动，皆可运行程序，程序运行结果如图3-7所示。

图 3-7　mainmenu1 程序运行结果

二、显示系统主菜单

启动Visual Studio 2015，新建项目main_sysmenu（见图3-8），在program.cs中输入以下代码：

```
using System;
namespace ConsoleApplication5
{   class Program
    {   static void Main(string[] args)
        {   Console.WindowWidth =100;          //设置程序运行结果的窗口宽度
            Console.Write(" [1]用户管理  ");
            Console.Write(" [2]楼盘管理  ");
            Console.Write(" [3]住宅管理  ");
            Console.Write(" [4]门面房管理  ");
            Console.Write(" [5]物业费管理  ");
            Console.Write(" [6]停车场管理  ");
            Console.Write(" [0]退出系统  ");
            Console.ReadKey();
        }
    }
}
```

图 3-8　创建 main_sysmenu 控制台程序

保存该文件后，单击"运行"按钮，程序运行结果如图3-9所示。

图 3-9　main_sysmenu 运行结果

任务 2　物业费计算

"职苑物业管理系统"项目中，要进行一些诸如物业费等计算的问题，这类问题需要涉及数据的获取、存储，计算结果的输出等，对于数据又存在整数、小数等不同类型的问题，下面介绍涉

及这一类问题的相关内容，并进行物业费计算的程序设计与调试。

一、C# 数据类型

数据是程序处理的主要对象，计算机中处理的数据有各种不同的类型，不同类型的数据有不同的特点和运算，因此程序设计中一般都要声明数据的类型，以便系统进行编译和处理。C#是一种强类型语言，因此在C#程序中每个处理的数据都必须声明类型。C#数据类型分为值类型（用于存储值）和引用类型（用于存储对实际数据的引用）两大类。其中值类型又分为内置数据类型和用户定义值类型。

1．基本数据类型

值类型中内置数据类型是C#的基本数据类型，包括一组已经定义好的简单类型和结构类型、枚举类型，其中简单类型包括整型、实数类型和布尔类型、字符类型。具体数据类型分类如图3-10所示。

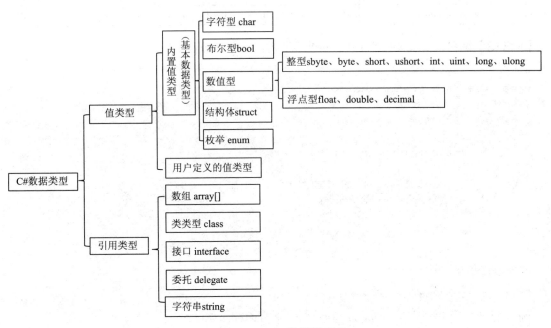

图 3-10　C# 数据类型

值类型是从类System.ValueType中派生的。如int、char、float，声明的变量可分别存储整数、字母、浮点数。当声明一个整数类型int时，系统分配4字节（Byte）的内存单元来存储一个整数值。表3-1列出了C# 2015中简单值类型在System命名空间对应的名称、所占的内存字节数以及取值范围。

在不同平台上C#某些类型所占内存字节数略有差异，具体某个类型或变量在特定平台中占用内存字节数的准确值，可以使用sizeof方法。通过表达式sizeof(type)得到该类型存储对象的以字节为单位内存单元数。

表 3-1　C# 2015 的简单值类型

保留字	System 命名空间中的名称	字节数	取值范围	默认值
sbyte	System.Sbyte	1	−128~127	0
byte	System.Byte	1	0~255	0
short	System.Int16	2	−32 768~32 767	0
ushort	System.UInt16	2	0~65 535	0
int	System.Int32	4	−2 147 483 648~2 147 483 647	0
uint	System.UInt32	4	0~4 292 967 295	0
long	System.Int64	8	−9 223 372 036 854 775 808~9 223 372 036 854 775 808	0L
ulong	System.UInt64	8	0~18 446 744 073 709 551 615	0
char	System.Char	2	0~65 535	'\0'
float	System.Single	4	3.4E−38~3.4E+38	0.0F
double	System.Double	8	1.7E−308~1.7E+308	0.0D
bool	System.Boolean	1	(true,false)	false
decimal	System.Decimal	16	$1.0 \times 10^{-28} \sim 7.9 \times 10^{28}$ 或 $-7.9 \times 10^{28} \sim -1.0 \times 10^{28}$	0.0M

【例3-3】编程以获取某机器上double类型所占内存单元数。

```
using System;
namespace DataTypeApplication
{
    class Program
    {
        static void Main(string[] args)
        {
            Console.WriteLine("Size of double: {0}",sizeof(double));
            Console.ReadLine();
        }
    }
}
```

程序执行结果：

```
Size of double:8
```

例3-3表明，在该机器上，double类型占有8字节内存。

下面对基本数据类型进一步进行说明。

（1）数值型：C#数值类型包括整型和浮点型，其中整型又包括 sbyte、byte、short、ushort、int、uint、long、ulong，浮点型包括 float、double、decimal。

① 整数类型：只能存储整数，不能存储小数。

➤ sbyte：有符号的8位整数，占1 B内存，数值范围从$-2^7 \sim 2^7 - 1$（即−128 ~ 127）。

➤ byte：无符号的8位整数，占1 B内存，数值范围从$0 \sim 2^8 - 1$（即0 ~ 255）。

• short：有符号的16位整数，占2 B内存，数值范围从$-2^{15} \sim 2^{15} - 1$。

• ushort：无符号的16位整数，占2 B内存，范围从$0 \sim 2^{16} - 1$。

- int：有符号的32位整数，占4 B内存，范围从$-2^{31} \sim 2^{31}-1$。
- uint：无符号的32位整数，占4 B内存，范围从$0 \sim 2^{32}-1$。
- long：有符号的64位整数，占8 B内存，范围从$-2^{63} \sim 2^{63}-1$。
- ulong：无符号的64位整数，占8 B内存，范围从$0 \sim 2^{64}-1$。

② 浮点数：既能存储整数，也能存储小数，C#支持两种浮点数类型，即float和double。decimal类型并不是C#中的基础类型，是作为补充用来表示高精度的浮点数。

➤ float：单精度浮点数，占4 B内存，有效数位为7位，可表示的数范围：$-3.40 \times 10^{38} \sim +3.40 \times 10^{38}$。

➤ double：双精度浮点数，占8 B内存，有效数位为15 ~ 16位，可表示的数范围：$-1.79 \times 10^{308} \sim +1.79 \times 10^{308}$。

➤ decimal：128位高精度浮点数，该类型具有较高的精度和更小的范围，常用它进行财务和金融运算，占16 B内存，有效数位为28位，数值后面需要有一个m。

（2）char：字符型，用于存储一个Unicode字符，占2 B内存，最多只能存储一个字符，不能存储空值。字符类型的值需要用英文半角状态下的单引号引起来。

（3）bool：布尔型，值为true或false，占1 B内存。

（4）enum：枚举为一组相关的符号常数定义的一个类型名称。具体内容见本单元知识拓展。

（5）struct：结构体类型，在程序设计时，常需要将一组相关的信息放在一起组成一个实体，这个实体类型称为结构。C#中的结构是一个值类型，采用关键字struct进行声明。进一步介绍请参阅本单元任务五。

2．引用类型

C#引用类型分类见图3-10，引用类型不包含存储的实际数据，只包含对它们的引用。值类型表示实际数据，引用类型表示指向存储在内存中的数据的指针或引用，引用类型的变量存放的则是数据的地址，即对象的引用。

这里先介绍string类型，其他引用类型将在后续单元中介绍。

字符串类型(string)

string：字符串类型，string用来存储多个文本，也可以存储空值，string类型是类System.String的别名，它派生于对象（Object）类型，字符串类型的值需要被英文半角状态下的双引号引起来，String类型允许分配任何字符串值。

二、常量与变量

C#程序中数据要保存在内存中指定的地方，而这些数据分为两类，一类是在程序的一次运行中保持不变的，另一类是在程序运行过程中发生变化的，按数据在程序运行中是否可变可将其分别放在常量和变量中。

1．常量

常量是在编译时已知，并在程序运行中其值不发生改变的数据。常量的类型可为值类型或引用类型，常量分为直接常量和符号常量。

1）直接常量

直接常量即数据值本身，分为整型常量、实型常量和字符（串）常量。

（1）整型常量。整型常量通常有如下3种形式：

➢ 十进制形式：如258、+365、−246等。

➢ 八进制形式：在数字前加 "0" 作前缀，如0325、+0456、−0631等。

➢ 十六进制形式：在数字前加 "0x" 或 "0X" 作前缀，如0x689、+0X245、−0X728等。

（2）实型常量。实型常量通常有如下2种形式：

➢ 小数形式：如0.235、−2.58等。

➢ 指数形式：如12e3、−2.3e−3等。

（3）字符常量。数据值为Unicode中的一个确定字符称为字符常量。字符常量用一对半角英文单引号引起来表示，如'a'、'B'、'+'等。

字符类型常量一般表示为加单引号引起来的字符形式，也可表示为整数形式。如果用整数形式，则必须带有类型转换前缀。

比如(char)10赋值形式有3种：

```
char  chsomechar="A"
char  chsomechar="\x0065"
char  chsomechar="\u0065"        //用一串十六进制来代表一个字符。十六进制转义符（前缀\x）
或unicode表示法给字符型变量赋值（前缀\u）
```

转义字符：C#中有一类特殊的不以单引号包含的字符称为转义字符，转义字符以 "\" 开始，具体字符常量如表3-2所示。

表3-2　转义字符

序　　号	转义符	产生的字符	序　　号	转义符	产生的字符
1	\'	用来表示单引号	7	\0	表示空字符
2	\"	用来表示双引号	8	\f	用来表示换页
3	\\	用来表示反斜杠	9	\a	用来表示感叹号
4	\n	用来表示换行	10	\t	用来表示水平 tab
5	\r	用来表示回车	11	\v	用来表示垂直 tab
6	\b	用来表示退格			

（4）字符串常量。C#中的字符串属于引用类型，其常量是用双引号引起来的一串文本，如"welcome to Tongling!"。

C#支持两种形式的字符串：规则字符串和逐字字符串。

规则字符串由包含在双引号中的零个或多个字符组成，并且可以包含简单转义序列（如表示水平制表符的\t）、十六进制转义序列（前缀\x）和Unicode转义序列（前缀\u），如@"welcome to \t Tongling!"。

逐字字符串由@字符后跟开始的双引号字符、零个或多个字符以及结束的双引号字符组成，并且可以跨多行。例如：

```
@"F:\c#\document"
  @"spring
```

```
        summer
            autumn
                winter"
```

注意：在逐字字符串中对简单转义序列、十六进制转义序列和Unicode转义序列不进行处理。

（5）布尔常量。布尔常量只有两个值：true和false

2）符号常量

用户根据需要自行创建的用符号表示的常量，符号常量使用const修饰符进行声明，必须在声明时初始化指定其值，后面就不能再修改了。

常量的声明格式：

```
const 常量数据类型　常量名(标识符)=常量值;
```

例如：

```
const double pi=3.1415926;              //将圆周率声明为双精度浮点数的符号常量pi
```

2. 变量

变量是指程序运行过程中其值可以发生改变的量，变量的类型可以是任何一种C#的数据类型。在C#中用一个标识符表示变量，称为变量名。程序运行时分配给变量的内存中某个存储单元内容的值可以改变，但名称保持不变。C#是一种强类型语言，在变量中存储值之前，必须指定变量的类型。

1）变量名命名规则

程序中的变量名、常量名必须符合标识符命名规则。即变量命名应遵守以下规则：

（1）只能由英文字母、数字、下画线组成，不能包含空格和其他字符，不能用数字开头。

（2）不能用关键字当标识符变量名。

（3）标识符必须区分大小写，大写字母和小写字母被认为是不同的字母。

（4）若使用@字符，则@只能是标识符的首字符，带@前缀的标识符称为逐字标识符。

（5）不能与C#的类库名称相同。

（6）C#语言关键字不能随便用于变量名，除非它们有一个@前缀。比如，@this是有效的变量名，但this不是，因为this是关键字。C#语言的关键字见附录A。

微软公司建议：对于简单的变量，使用骆驼（Camel）命名规则camelCase：第一个单词的首字母小写，其他单词的首字母大写，如myName、myAge等。

合法变量名示例：B、address、_price、w_age。

非法变量名示例：

3xb，以数字开头，非法。

*bc，不是字母、下画线开头。

if，和关键字if同名。

2）变量声明

变量代表数据的实际存储位置，各个变量所能存储的数值由它本身的类型决定，C#变量必须先定义（声明）然后才能被赋值和使用，变量声明必须明确地给出数据类型。

变量声明的格式:

格式一:

```
数据类型  变量名(标识符);
```

格式二:

```
数据类型  变量名(标识符)=初值;
```

格式三:

```
数据类型  变量名表;
```

其中,格式一只声明一个变量,并没有对变量赋初值,此时变量的初值为默认值;格式二对变量进行了初始化(即定义变量的同时给出初值),但需注意的是,变量值应该与变量数据类型一致;格式三一次声明多个相同类型的变量,其中变量名表中各变量名之间用逗号分隔,例如:

```
int x,id=10;
```

变量在声明后,如果需要改变数值,可以使用赋值号"="构成赋值语句重新赋值。例如:

```
iAge=25;
```

三、C# 数据类型转换

在"职苑物业管理系统"项目中,在进行物业费计算时,需要通过键盘输入数据,C#中通过console类的ReadLine方法实现。该方法得到的返回数据是字符串类型,程序中需要将ReadLine方法返回的字符串类型数据转换为数值类型数值才能进行计算。

这种将数据值从一种数据类型转换为另一种类型的过程称为数据类型转换。C#数据类型转换有隐式转换和显式转换两种。

1. 隐式转换和显式转换

(1)隐式转换:是系统自动执行的数据类型转换。这种转换的基本原则是允许数值范围小的类型向数值范围大的类型转换,允许无符号整数类型向有符号整数类型转换。

(2)显式转换:又称强制转换,是在代码中明确给出将某类型数据转换为另一种类型。

显式转换的一般格式:

```
(数据类型名)数据
```

例如:

```
int i=450;              //定义一个int整型变量i并赋初值450
short j=(short)i;       //定义一个short整型变量j,同时将int整型变量i的值转换为short
整型后赋给变量j
```

注意:short j=(short)i;执行完后,变量i的数据类型仍为int整型。

2. 特定方法实现数据类型转换

(1)Parse方法:Parse方法可以将特定格式的字符串转换为数值。Parse方法的使用格式:

```
数值类型名称. Parse(字符串类型表达式);
```

例如:

```
int y=int.Parse("256"); //将字符串"256"转换为数值256后赋给整型变量y
```

（2）Tostring方法

Tostring方法可以将其他数据类型转换的变量值转换为字符串类型。Tostring方法的使用格式：

```
变量名称.Tostring();
```

例如：

```
int i=520;  string s=i.Tostring(); //将整型变量i的值520转换为字符串类型数据"520"
后赋给字符串类型变量s
```

3．使用Convert类进行数据类型转换

Convert类数据类型转换的常用方法如表3-3所示。

表 3-3   C# 语言 Convert 类数据类型转换的常用方法

方　　法	说　　明	方　　法	说　　明
Convert.ToInt32()	转换为整型（int）	Convert.ToDateTime()	转换为日期型（datetime）
Convert.ToBoolean()	转换为布尔型（Boolean）	Convert.ToDouble()	转换为双精度浮点型（double）
Convert.ToChar()	转换为字符型（char）	Conert.ToSingle()	转换为单精度浮点型（float）
Convert.ToString()	转换为字符串型（string）		

知识拓展

一、逐字变量名

前面介绍过变量名不能和关键字相同，但在C#中允许以"@"开头定义变量名，这些变量名可以和C#中的关键字同名，称为逐字变量名。如@if、@while、@abc等。

逐字变量名和普通变量名在使用时并无区别，一般情况下，提倡用关键字作为逐字变量名。C#中"@普通变量名"标识符构成的逐字变量名也是合法的，但一般不推荐这种用法。

二、DateTime 类型

时间日期（DateTime）类型主要用于表示和处理日期及时间。在实际应用中经常需要获取日期和时间，甚至对日期时间进行计算的问题，在C#中以DateTime类型来处理，这种类型属于一种特殊的值类型。表3-4中列出了DateTime类型的常用属性。

表 3-4   DateTime 类属性

属性名	说　　明	属性名	说　　明
Now	获取计算机的当前日期和时间，表示为本地时间	Millisecond	获取实例日期的毫秒部分
Today	获取当前日期	Second	获取实例日期的秒部分
Date	获取日期时间中的日期部分	Minute	获取实例日期的分钟部分
Day	获取实例日期为该月中的第几天	Hour	获取实例日期的小时部分
DayOfWeek	获取实例日期是星期几	Month	获取实例日期的月份部分
DayOfYear	获取实例日期是该年中的第几天	Year	获取实例日期的年份部分
TimeOfDay	获取实例的当天时间		

【例3-4】获取系统的当前日期时间，并显示当前的日期。

```
using System;
namespace ConsoleApplication13
{  class Program
   {
       static void Main(string[] args)
       {
           DateTime dt=System.DateTime.Now; //声明一个日期时间变量dt并获得当前系统时间赋给它
           Console.WriteLine("现在是:{0}月。",dt.Month); //通过date属性获取dt的日期并输出
           Console.ReadLine();
       }
   }
}
```

程序运行果为：

现在是:3月。

注：程序运行的当天是2019年3月30日。

DateTime类型的常用方法有：AddYear( )、AddMonth( )、AddDays( )、AddHours( )、AddMinutes( )、AddSecond( )。这些方法可以实现对日期时间的加减运算。

【例3-5】获取系统的当前日期时间输出，同时显示前天和后天此时此刻的日期时间并输出。

```
using System;
namespace ConsoleApplication14
{ class Program
  { static void Main(string[] args)
    { Console.WriteLine("今天是:{0}; ",DateTime.Now.AddDays(0));
                            //获取当前日期时间并输出
      Console.WriteLine("前天是:{0}; ", DateTime.Now.AddDays(-2));
                            //通过当前日期时间减2得到前天当前日期时间并输出
      Console.WriteLine("后天是:{0}。", DateTime.Now.AddDays(2));
                            //通过当前日期时间加2得到后天当前日期时间并输出
      Console.ReadLine();
    }
  }
}
```

程序运行结果如图3-11所示。

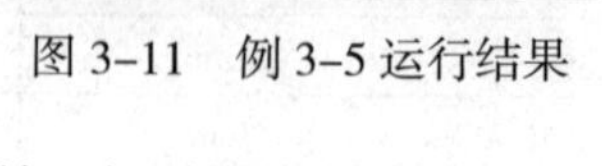

```
今天是:2019-3-30 19:43:10;
前天是:2019-3-28 19:43:10;
后天是:2019-4-1 19:43:10。
```

图3-11　例3-5运行结果

【例3-6】获取系统的当前日期并以长时间格式输出，同时以短时间格式显示前天和后天此时此刻的日期时间并输出。

```
using System;
```

```
namespace ConsoleApplication14
{ class Program
  { static void Main(string[] args)
    { Console.WriteLine();
      Console.WriteLine(" 今天是:{0}; ", DateTime.Now.AddDays(0).ToLongDateString());
                                //获取当前日期并以长时间格式输出
      Console.WriteLine(" 后天是:{0}。", DateTime.Now.AddDays(2).ToShortDateString());
                                //通过当前日期时间加2得到后天日期并以短时间格式输出
      Console.WriteLine(" 当前是:{0}; ", DateTime.Now.AddDays(0));
                                //获取当前日期时间并输出
      Console.WriteLine(" 3个半小时是:{0}; ", DateTime.Now.AddHours(3.5));
                                //通过当前日期时间计算3个半小时后的时间并输出
      Console.ReadLine();
    }
  }
}
```

程序运行结果如图3-12所示。

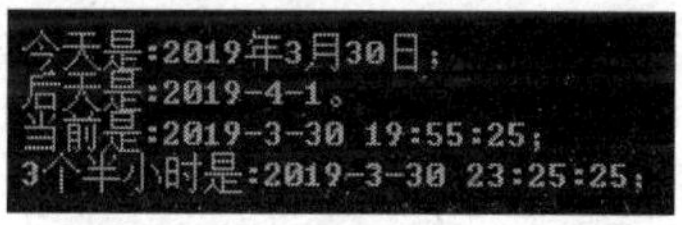

图 3-12 例 3-6 运行结果

三、装箱和拆箱

装箱：将值类型转换为引用类型的过程。

拆箱：从对象中提取值类型，即将引用类型转换为值类型。

任务实施

任务：根据输入的房屋面积和物业费率计算要收取的物业费。

实施：启动Visual Studio 2015，新建控制台项目property_fee，如图3-13所示。在其中输入Main方法的代码。

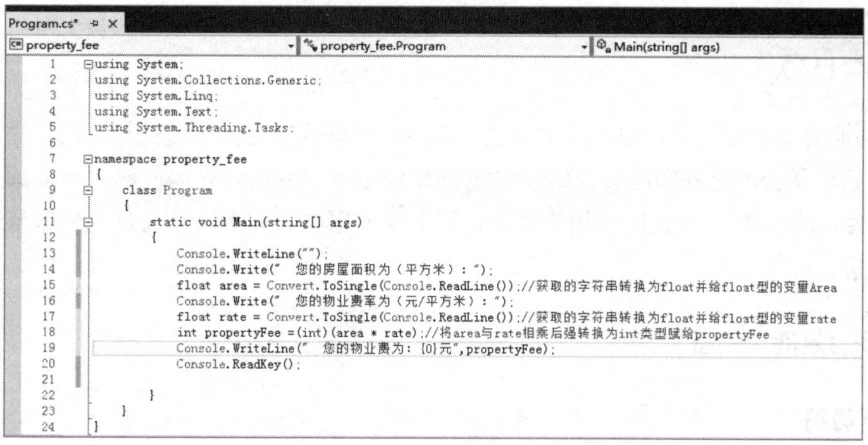

图 3-13 物业费计算程序代码

根据任务需要，定义房屋面积、费率、物业费3个变量，房屋面积Area定义为float，费率Rate定义为float，物业费propertyFee定义为int型。

具体代码：

```
using System;
using System.Collections.Generic;
using System.Linq;
using System.Text;
using System.Threading.Tasks;
namespace property_fee
{
  class Program
  { static void Main(string[] args)
    { Console.Write("您的房屋面积为（平方米）: ");
      float area=Convert.ToSingle(Console.ReadLine());
                          //获取的字符串转换为float并赋给float型的变量Area
      Console.Write("您的物业费率面积为（元/平方米）: ");
      float rate=Convert.ToSingle(Console.ReadLine());
                          //获取的字符串转换为float并赋给float型的变量rate
      int propertyFee=(int)(area * rate);
                          //将area与rate相乘后显式转换为int型赋给propertyFee
      Console.WriteLine("您的物业费为：{0}元",propertyFee);
      Console.ReadKey();
    }
  }
}
```

程序运行时分别输入房屋面积和物业费率为120、0.8。

程序运行结果如图3-14所示。

图 3-14　物业费计算程序运行结果

任务 3　模拟用户登录

任务导入

"职苑物业管理系统"项目中，经常要进行比较、计算这一类问题，例如，用户登录时是否是合法用户、密码是否通过等问题涉及C#中数据的比较运算、数值计算等问题，下面通过模拟用户登录问题介绍C#的运算符和表达式相关知识，要求输入用户名和密码，通过比较验证是否正确从而决定能否进入应用系统。

知识技能准备

一、运算符

运算符就是完成操作的一系列符号，按照操作数的数量分为单目、二目、三目运算符，C#

运算符大部分是二目运算符，也就是运算的操作数是两个，如+、-、*、>等，而如-（负号运算符）、！（逻辑非运算符）等则只有一个运算操作数，称为单目运算符。而按照功能分，C#运算符分为：算术运算符、赋值运算符、关系运算符、逻辑运算符、条件运算符、位操作运算符和字符串运算符。另外，还有小括号运算符，它的作用是改变运算顺序、类型转换或函数调用。

1. 算术运算符

C#算术运算符有五种："+"（加法运算符）、"-"（减法运算符）、"*"（乘法运算符）、"/"（除法运算符）、"%"（模运算符）。算术运算符的优先级按照先乘除后加减的顺序进行运算；该类运算符运算结合性都是"自左至右"。

2. 关系运算符

关系运算符是一种进行比较从而判断是否成立的运算符号，其结果为true（真）或false（假），这种运算的结果总是布尔值。C#的关系运算符有>（大于）、>=（大于或等于）、<（小于）、<=（小于或等于）、==（等于）、!=（不等于）六种，优先级为：>、>=、<、<=优先级相同，高于==、!=优先级，==、! =优先级相同；此类运算符运算结合性都是"自左至右"。

3. 逻辑运算符

C#有三种逻辑运算符："&&"（与）、"||"（或）、"！"（非）。其中，"!"运算符是单目运算符，即它只有一个操作数。逻辑运算的操作数为布尔值或结果为布尔值表达式，操作结果为布尔值true或false。其运算优先级由高至低为：!、&&、||。该类运算符运算结合性为只有"!"是"自右至左"，其他运算符的结合性都是"自左至右"。

4. 位运算符

计算机的信息都以二进制形式存储，位运算符就是按照二进制对数据进行运算的运算符。C#位运算符可以分为移位运算符和逻辑位运算符。其中，移位操作符包括">>"（右移）、"<<"（左移），逻辑位运算符包括"^"（按位异或）、"&"（按位与）、"|"（按位或）、"~"（按位取反）。位运算符运算结合性为只有"~"是"自右至左"，其他位运算符的结合性都是"自左至右"。

说明：

（1）&和&&的区别：

&：当两个操作数均为true时，结果才为true；如果第一个操作数为false，进行第二个操作数的判断。

&&：当两个操作数均为true时，结果才为true；如果第一个操作数为false，则不会进行第二个操作数的判断。

（2）|与||的区别：

|：当两个操作数均为false时为false，不论第一个操作数是否为true，都对第二个操作数进行判断。

||：当两个操作数均为false时为false，如果第一个操作数为true，那么不进行第二个操作数的判断。

5. 自增与自减运算符

自增（++）、自减（--）运算符为单目运算符，它们的作用是使变量值增1或减1，这两个运算符的运算结合性为"自右至左"。例如：

--k，++k：先将k的值减（加）1，然后再取k值进行其他运算；

k--，k++：在取k值进行其他运算，然后再使k的值减（加）1。

6. 赋值运算符

赋值就是将一个运算的结果赋予某个变量。在C#中赋值运算符包括赋值号（=）和一批复合赋值运算符（如+=、-=、*=、/=、%=、&=、|=、>>=、<<=、^=）。其运算优先级只比逗号运算符高，而低于其他运算符。赋值运算符的结合性都是"自右至左"。

7. C#运算符优先级

C#运算符优先级是计算机运算计算表达式时执行运算的先后顺序。先执行具有较高优先级的运算，然后执行较低优先级的运算。例如，先执行乘除运算，再执行加减运算。

不同种类运算符优先级有高低之分。算术运算符高于关系运算符，关系运算符高于逻辑运算符，逻辑运算符高于条件运算符，条件运算符高于赋值运算符。

除去赋值运算符，所有二元运算符都是左结合性（自左向右运算），赋值运算符和条件运算符是右结合性，优先级和结合性可以用括号来控制。C#运算符优先级和结合性见附录B。

二、表达式

表达式就是用运算符将操作数连接起来所构成的组合。C#表达式主要包括算术表达式、赋值表达式、关系表达式以及布尔表达式等。

1. 算术表达式

算术表达式就是用算术运算符将操作数连接起来所构成的式子，运算时先算括号内的，再算括号外的，先乘除取余，再加减，相同优先级时从左向右运算。

【例3-7】算术表达式应用示例。

```
using System;
using System.Collections.Generic;
using System.Linq;
using System.Text;
using System.Threading.Tasks;
namespace shuanshu
{
  class Program
  {
    static void Main(string[] args)
    {
      int x=45;
      int y=20;
      int k,z,s;
      k=x+y;
      Console.WriteLine("k=x+y; k的值是 {0}", k);
      k=x-y;
      Console.WriteLine("k=x-y; k的值是 {0}", k);
      k=x*y;
      Console.WriteLine("k=x*y; k的值是 {0}", k);
```

```
k=x/y;
Console.WriteLine("k=x/y; k的值是 {0}", k);
k=x%y;
Console.WriteLine("k=x%y; k的值是 {0}", k);
// 此时x的值为45，经z=++x，先将x进行自增1运算，再取x的值赋给z
z=++x;
Console.WriteLine("z=++x; z的值是 {0},x的值是 {1}",z,x);
// 此时x的值为46，经z=x++，先取x的值赋给z，再将x自增1运算
z=x++;
Console.WriteLine("z=b++; z的值是 {0},x的值是 {1}",z,x);
// 此时y的值为20，经z=--y，先将y进行自减1运算，再取y的值赋给z
z=--y;
Console.WriteLine("z=--y; z的值是 {0},y的值是 {1}",z,y);
// 此时b的值为19，经z=y--，先取y的值赋给z，再将y自减1运算
z=y--;
Console.WriteLine("z=y--; z的值是 {0},y的值是 {1}",z,y);
//此时x、y为46、19，k为5，先k加1变为6，计算括号内x+y，再乘2/k（四舍五入取整），再x+后赋给s
s=x+(x+y)*2/++k;
Console.WriteLine("s=x+(x+y)/++k; s的值是{0},k的值是{1}",s,k);
Console.ReadLine();
        }
    }
}
```

程序运行结果如图3-15所示。

图 3-15 例 3-7 运行结果

2. 赋值表达式

赋值表达式就是由赋值运算符将表达式的运算结果赋给变量所构成的式子。其中有以赋值号构成的赋值表达式和以复合赋值运算符构成的赋值表达式两类。

赋值号构成表达式格式：

```
<变量>=<表达式>;            //运算表达式的值后赋给左侧的变量
```

复合赋值运算符的一般形式为：

```
<变量> 复合赋值运算符X=<表达式>;
```

其含义相当于：

```
<变量>=<变量>X(<表达式>)
```

例如：

```
x+=y;            //相当于 x=x*y;
k*=i+5;          //相当于 k=k*(i+5);（注意不是k=k*i+5;）
```

C#中允许变量进行连续赋值，如a＝b＝c。赋值运算符的结合性为自右至左结合，所以a＝b＝c等价于a＝(b＝c)。

3．关系表达式

关系表达式就是由关系运算符连接表达式所构成的式子，这种表达式常常是进行比较，用于两个事物之间的运算或判断，其运算结果为布尔值（true"真"或false"假"）。

关系表达式的一般形式为：

> <表达式A><关系运算符><表达式B>

关系表达式中进行比较的两个表达式A和B，要求其结果的数据类型必须一致，数值型按大小进行比较；字符型数据（包括汉字）按其Unicode值（注意：不是ASCII码值）进行比较，字符串则是按照字符串中的字符一个个比较，只要遇到第一个不相同字符就停止比较得出结果，即字符串是逐字符比较编码（.NET中字符用Unicode编码）的大小。

4．逻辑表达式

逻辑表达式是由逻辑运算符将多个表达式连接所构成的式子，逻辑表达式常常是进行判断多个条件时使用，逻辑表达式所连接的其他表达式常常是结果为布尔值的式子，逻辑运算结果为布尔值（true"真"或false"假"）。

假设A和B为某个表达式，结果为true或false，则A和B经逻辑运算后的结果如表3-5所示。

表 3-5　逻辑运算结果

A	B	! A	! B	A && B	A ∥ B
true	true	false	false	true	true（不再对 B 进行运算）
true	false	false	true	false	true（不再对 B 进行运算）
false	true	true	false	false（不再对 B 进行运算）	true
false	false	true	true	false（不再对 B 进行运算）	false

5．条件运算符和条件表达式

（1）条件运算符：条件运算符（?:）可以按条件不同得到不同的表达式值，它要求有3个操作对象，称为三目运算符，条件运算符的结合性为"自右至左"。

（2）条件表达式：条件运算符所连接的式子，它可以实现按条件不同给变量赋不同的值的要求。

条件表达式的格式为：

> <变量名>＝<条件>?<表达式1>:<表达式2>

运算顺序：如果条件为真，那么取表达式1值作为整个条件表达式值赋给变量，否则取表达式2的值作为整个条件表达式值赋给变量。例如：

```
int i=8,j=5,x;
x=j>i?i+j:i*j; //由于j（值为5）大于i（值为8）不成立（为假），取i*j值40赋给x
```

6．逗号表达式

逗号表达式的一般形式为：

> <表达式1>,<表达式2>

逗号表达式的执行顺序为：先求解表达式1，再求解表达式2。整个逗号表达式的值是表达式2

的值。

逗号运算符的优先级为：自左向右，因而有 "<表达式1>,<表达式2>,…,<表达式n>" 这种逗号表达式的运算结果为 "<表达式n>" 的值。例如，表达式 "1+2,3+4"，该逗号表达式的值为7。

表达式计算应遵守的规则：

（1）先计算括号内，后计算括号外。

（2）在无括号或同层括号内，先进行优先级高的运算，后进行优先级低的运算。

（3）同一优先级运算，按结合性依次进行。

任务实施

设计一个控制台程序，模拟 "物业管理系统" 登录过程，其中注册的用户名为 "admin"、密码为 "123456"，输入用户名和密码都正确时通过验证，否则不能通过验证。（在后续内容可知，真正应用程序中注册的用户名和密码是注册时保存在数据库中，登录时只要从数据库中获取即可，本任务只是模拟这一过程，程序中的输入密码可以用掩码：常为 "*" 显示，这里不作处理。）

定义两个string型变量userName和pWD，用于接收从键盘输入的用户名和密码，然后通过关系运算userName=="admin"、pWD=="123456"判定输入的用户名和密码是否正确，须同时满足这两个关系运算，可通过逻辑与运算 "&&" 实现。具体代码如下：

```
using System;
using System.Collections.Generic;
using System.Linq;
using System.Text;
using System.Threading.Tasks;
namespace yonghudenglu
{ class Program
  { static void Main(string[] args)
    { Console.WindowWidth=60;                          //设置登录窗口宽度
      Console.WriteLine(" ");
      Console.WriteLine("*************************** ");
      Console.WriteLine("*    欢迎使用物业管理系统    * ");
      Console.WriteLine("* ==================== * ");
      Console.Write(" 用 户 名: ");
      //输入的用户名赋予变量userName
      string userName = Console.ReadLine();
      Console.Write(" 密 码: ");
      //输入的密码赋予变量pWD
      string pWD = Console.ReadLine();
      Console.WriteLine("");
      //比较变量userName和变量pWD的值是否分别为"admin"和"123456",同时满足才通过验证
      Console.WriteLine("{0}",userName=="admin" && pWD=="123456"?"通过验证,
      可以进入系统! ":"验证未通过, 不能进入系统! ");
      Console.ReadLine();
    }
  }
}
```

程序运行结果如图3-16所示。(用户名和密码分别输入：admin和1234、admin和123456。)

图 3-16　测试用户名和密码运行结果

任务4　选择菜单操作

任务导入

"职苑物业管理系统"项目中，经常需要面临根据不同条件完成不同的任务（实际是执行不同的程序段）。这种根据不同条件执行不同程序段的程序称为分支结构程序。本任务就是通过设计分支结构程序实现"用户管理、楼盘管理、住宅管理、门面房管理、物业费管理、停车场管理、退出系统"等不同功能。

知识技能准备

一、程序的三种基本结构

计算机程序或简单或复杂，但其基本结构分为顺序结构、选择结构、循环结构3种，规模庞大、结构复杂的程序是由这3种基本结构的程序经过不同组合和嵌套实现的。

1. 顺序结构

顺序结构就是按照语句出现的先后顺序依次执行的结构。这种结构是最简单的线性结构，如图3-17所示，程序运行时依次执行A、B、C语句，不会出现跳过某条语句而执行后一条语句的情况。

2. 选择结构

选择结构又称分支结构，它是根据条件判断结果决定执行不同语句构成的程序或程序段。如图3-18所示，条件P为"真（T）"执行A程序段（一条或多条语句）；条件P为"假（F）"执行B程序段（一条或多条语句）。

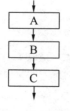

图 3-17　顺序结构

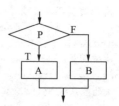

图 3-18　分支结构

C#中实现选择结构的语句有if语句、switch语句以及分支语句的嵌套。

3．循环结构

循环结构又称重复结构，它是根据条件是否为真来决定是否重复执行同一程序段，这个条件为真时被重复执行的程序段称为循环体。如图3-19（a）所示，条件P为"真（T）"执行A程序段，执行完A程序段后程序再回到条件P的判断，若P仍为真，则再次执行A程序段，如此重复，直到某次判断P为假，则退出这个循环结构而执行后续程序语句。

循环结构分为当型循环和直到型循环。图3-19（a）所示为当型循环，这种循环先判断条件是否成立（为"真（T）"），然后再决定是否执行循环体的程序段；图3-19（b）所示为直到型循环，这种循环先执行循环体的程序段，然后再判断条件是否成立（为"真（T）"），若为"真（T）"则继续执行循环体的程序段，

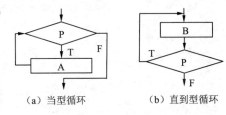

（a）当型循环　　　（b）直到型循环

图3-19　循环结构流程图

如此重复，直到某次判断条件不成立（为"假（F）"）则退出这个循环结构而执行后续程序语句。

C#中实现循环的语句有4种：for语句、while语句、do-while语句、foreach语句，循环语句的嵌套在程序中也经常使用。

二、选择结构

下面介绍C#中的if语句和Switch语句以及分支语句的嵌套。

1．if语句

if语句的一般格式为：

```
if(条件) 语句块1  else 语句块2
```

实现功能：条件为"真"时执行语句块1，否则执行语句块2。

注意：else要与if语句配对且在配对的if语句后，不能单独用；而if语句可单独使用。

【例3-8】如果考试成绩达到60分以上，课程为"合格"，否则就是"不合格"。

```
using System;
namespace test_score
{ class Program
  { static void Main(string[] args)
    { Console.WriteLine("请输入考试成绩: ");
      int score=int.Parse(Console.ReadLine());//从键盘输入考试成绩
      //考试成绩score达到60分以上，输出"你的成绩合格"，否则输出"你的成绩不合格"
      if(score>=60)
      { Console.WriteLine("你的成绩合格");
      }
      else
      { Console.WriteLine("你的成绩不合格");
      }
      Console.ReadKey();
    }
  }
}
```

2. 多重if语句

从上面可以看到，if语句只能实现两分支，对于多于两个的分支，可以使用的方法有多重if语句、嵌套if和switch语句。

多重if语句的一般格式为：

```
if(条件1)
{ 语句块1            //条件1为真执行代码块
}
else if(条件2)
{ 语句块2            //条件1为假而条件2为真执行代码块
}
else if(条件3)
{ 语句块3            //条件1和条件2都为假而条件3为真执行代码块
}
…
else if(条件m)
{ 语句块m            //条件1至条件m-1都为假而条件m为真执行代码块
}
else
{ 语句块n            //条件1至条件m均为假执行代码块
}
```

具体执行过程见图3-20所示。

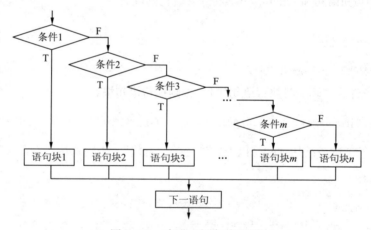

图 3-20   多重 if 语句流程图

【例3-9】如果成绩大于或等于90分为A等，大于或等于80分为B等，大于或等于60分为C等，否则为D等。

程序代码段：

```
Console.WriteLine("请输入考试成绩：");
int score=int.Parse(Console.ReadLine());
if(score>=90)
{ Console.WriteLine("你的考核等级为：A等");
}
else if(score>=80)                //隐含score<90(score>=90不成立)
{ Console.WriteLine("您的考核等级为：B等");
```

```
    }
else if(score>=60)                //隐含score<80(score>=80不成立)
{ Console.WriteLine("你的考核等级为：C等");
}
else                              //隐含score<60(score>=60不成立)
{ Console.WriteLine("你的考核等级为：D等");
}
```

3. if语句嵌套

if语句嵌套就是一个if语句中含有1个或多个完整的if语句，以克服一个if语句只能实现两个分支的不足。

if语句嵌套的一般格式：

```
if(条件1)
{ if(条件2)                       //条件1为"真"，才能执行本if/else语句
  { 语句块1                       //条件1、条件2均为"真"，执行语句块1代码
  }
  else
  { 语句块2                       //条件1为"真"条件2为"假"，执行语句块2代码
  }
}
else
{ 语句块3                         //条件1为"假"，执行语句块3代码
}
```

说明：条件1前的if与语句块3前的else构成一对，称为外层；条件2前的if与语句块2前的else构成一对，称为内层（此一对if-else语句完整包含在"if(条件1)"的一个分支中）；只有满足外层条件1时，才会判断内层if的条件2。

if语句嵌套不仅if分支（如"if(条件1)"）后可嵌套完整的if-else语句，else后也可嵌套完整的if-else语句，且可以多层嵌套，以实现更多的分支；if多层嵌套时只能是外层完整包含内层，不能出现交叉包含（即不允许内层if语句的一个分支在外层，与其配对的else分支在另外外层分支中）；else分支一定要与前面的最近的未曾配对的if语句配对。

【例3-10】某航空机票价格春夏季节为淡季，头等舱价格打5折，经济舱价格打4折。秋冬为旺季，头等舱价格打8折，经济舱价格打7折。

```
using ……
namespace switch_App
{ class Program
  { static void Main(string[] args)
    double price=2000;
    Console.WriteLine("请输入出行月份：\n"+"头等舱or经济舱？（头等舱输1 / 经济舱输2)");
    int month=int.Parse(Console.ReadLine());
    int ans=int.Parse(Console.ReadLine());
    if(month>=1 && month<=6)
    { if(ans==1)
      { Console.WriteLine("春夏季节头等舱价格为"+price*0.5);
      }
```

```
        else
        { Console.WriteLine("春夏季节经济舱价格为："+price*0.4);
        }
    }
    else
    { if(ans==1)
        { Console.WriteLine("秋冬季节头等舱价格为："+price*0.8);
        }
        else
        { Console.WriteLine("秋冬季节经济舱价格为："+price*0.7);
        }
    }
}
```

4. switch语句

if语句嵌套能够解决多分支问题，但太多分支时导致大量使用if语句嵌套易造成混乱。switch语句可以实现根据表达式的结果值不同，分别执行不同的分支的程序段，以实现多分支。

switch语句的一般格式为：

```
switch(表达式)
{ case 常量1:语句块1;
  break;                    //退出switch 语句
  case 常量2:语句块2;
  break;                    //退出switch语句
  ...                       //多个case
  default: 语句块n;         //表达式的值与所有常量均不等，执行此语句块
  break;
}
```

实现功能：计算表达式的值，若该值与常量1匹配（相等），则执行其后的语句块1，接着执行break语句退出switch语句；若表达式的值与常量1不等，则判断是否与常量2相等，若相等则执行其后的语句块2，接着执行break语句退出switch语句……若与所有case后的常量都不等，则执行语句块n并通过执行break语句退出switch语句，具体如图3-21所示。

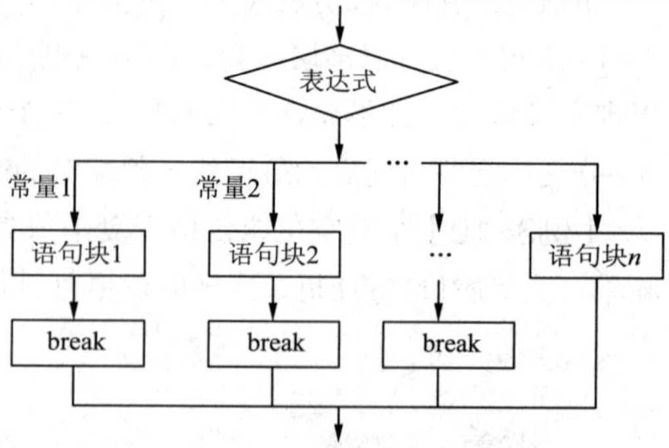

图3-21　switch 语句流程图

switch语句的规则：

（1）只能针对基本数据类型使用switch，这些类型包括int和string等。对于其他类型，则必须使用if语句。

（2）case标签后必须是常量表达式，如10或者"10"。如果需要在运行时计算case标签的值，必须使用if语句。

（3）case标签后的常量值必须唯一；即不允许两个case具有相同的值。

（4）使用switch-case语句进行多分支判断时，C#中需要在每个分支所执行的语句下加break指令，否则将报错。

【例3-11】用switch语句实现例3-9，如果成绩大于或等于90分为A等，大于或等于80分为B等，大于或等于60分为C等，否则为D等。

定义一个int型变量score存放输入的成绩，然后通过score/10的结果值对应不同的等级，从而输出不同的等级，具体程序代码为：

```
using ……
namespace switch_App
{ class Program
  { static void Main(string[] args)
    { Console.WriteLine("请输入学生考试的成绩（0~100的整数）");
      int score=int.Parse(Console.ReadLine());
      switch(score/10)
      { case 10:Console.WriteLine("你的考核等级为：A等");
        break;
        case 9:Console.WriteLine("你的考核等级为：A等");
        break;
        case 8:Console.WriteLine("你的考核等级为：B等");
        break;
        case 7:Console.WriteLine("你的考核等级为：C等");
        break;
        case 6:Console.WriteLine("你的考核等级为：C等");
        break;
        default: Console.WriteLine("你的考核等级为：D等");
        break;
      }
      Console.ReadKey();
    }
  }
}
```

switch语句中多个case可以共用一个语句块，此时前面几个case标签后的break也要去掉。如例3-11可以写成例3-12所示形式，其中case 10和case 9共用相同的语句块，case 7和case 6共用相同的语句块。

【例3-12】用switch语句实现例3-9，如果成绩大于或等于90分为A等，大于或等于80分为B等，大于或等于60分为C等，否则为D等。

```
using system;
namespace switch_App
{ class Program
  { static void Main(string[] args)
    { Console.WriteLine("请输入学生考试的成绩（0~100的整数）");
      int score=int.Parse(Console.ReadLine());
      switch(score/10)
      { case 10:
        case 9:Console.WriteLine("你的考核等级为：A等");
        break;
        case 8:Console.WriteLine("你的考核等级为：B等");
        break;
```

```
            case 7:
            case 6:Console.WriteLine("你的考核等级为：C等");
            break;
            default: Console.WriteLine("你的考核等级为：D等");
            break;
        }
    Console.ReadKey();
    }
  }
}
```

任务实施

创建main_Sysmemu控制台程序，首先显示系统菜单，然后通过选择不同的选项值放入int型变量sele中，根据选择选项值分别执行不同的分支以进入相应的模块完成对应功能。程序代码为：

```
using System;
namespace ConsoleApplication5
{ class Program
  { static void Main(string[] args)
    { Console.WriteLine(" ");
      { Console.WindowWidth=120;                      //设置程序运行结果的窗口宽度
        Console.WriteLine("*************欢迎使用物业管理系统*************");
        Console.Write(" [1]用户管理 ");
        Console.Write(" [2]楼盘管理 ");
        Console.Write(" [3]住宅管理 ");
        Console.Write(" [4]门面房管理 ");
        Console.Write(" [5]物业费管理 ");
        Console.Write(" [6]停车场管理 ");
        Console.Write("  [0]退出系统 ");
        Console.WriteLine("  ");
      }
      Console.Write("   ");
      int sele=Console.Read()-48;       //Console.Read()返回数字字符的ASCII码，
                                        减去'0'的ASCII码48，得到数字本身
      Console.WriteLine("  ");
      Console.Write("   您选择的是[{0}]:", sele);
      switch(sele)
      { case 1: { Console.WriteLine("用户管理，将执行用户管理模块。"); break; }
        case 2: { Console.WriteLine("楼盘管理，将执行楼盘管理模块。"); break; }
        case 3: { Console.WriteLine("住宅管理，将执行住宅管理模块。"); break; }
        case 4: { Console.WriteLine("门面房管理，将执行门面房管理模块。"); break; }
        case 5: { Console.WriteLine("物业费管理，将执行物业费管理模块。"); break; }
        case 6: { Console.WriteLine("停车场管理，将执行停车场管理模块。"); break; }
        case 0: { Console.WriteLine("退出管理，将退出本系统。"); break; }
        default: { Console.WriteLine("您的选择有误！"); break; }
      }
      Console.WriteLine("");
      Console.ReadLine();
      Console.WriteLine("  按任一键继续！");
      Console.ReadLine();
      if(sele==0)                               //选择0时执行本分支代码
      { Console.Clear();                //清除前面的屏幕内容
```

```
            Console.WriteLine("    ");
            Console.Write("    ");
            Console.WriteLine("  感谢您的使用, 再见! ");
            Console.ReadLine();
          }
        else if(sele==1)                    //选择1时执行本分支代码
        { Console.WriteLine("");
            Console.WriteLine("  正在启动用户管理模块! ");
            Console.ReadLine();
          }
        else if(sele==2)    //选择2时执行本分支代码, 选择其他值（3、4、5、6）类似
        { Console.WriteLine("");
            Console.WriteLine("  正在启动楼盘管理模块! ");
            Console.ReadLine();
          }
        else
            System.Environment.Exit(0);
      }
    }
}
```

选择1时的程序运行结果如图3-22所示。

图 3-22　选择 1 运行结果

选择0时的程序运行结果如图3-23所示。

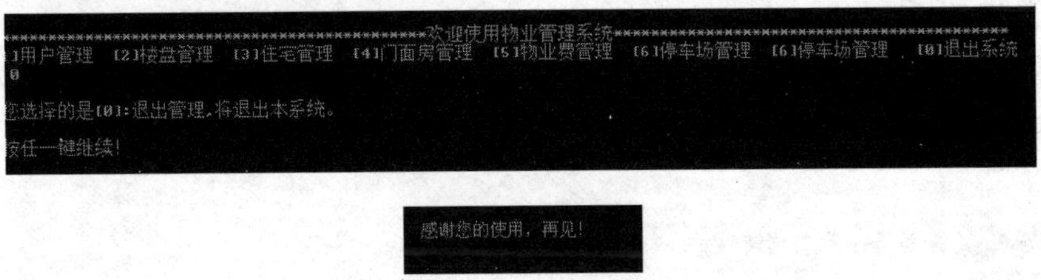

图 3-23　选择 0 运行结果

任务 5　浏览住户信息

任务导入

本任务是利用数组来存储用户同类型的数据，然后通过循环结构程序将存储在数组中的物业管理系统的住户信息逐一显示出来供用户浏览，本任务将物业管理系统的登录用户名逐一显示出来。

知识技能准备

一、数组

数组是由相同数据类型的元素按序排列的集合，即把有限个类型相同的变量整体用一个名称命名，然后用从0开始的序号区分各变量的集合，这个整体共有的名称称为数组名，序号称为下标。数组中的各个变量称为数组分量，又称数组元素，也称下标变量。

也就是将按序排列的同类数据元素的集体称为数组。数组是一种数据结构，它可以包含同一个类型的若干个数确定的元素，同一数组的元素在内存中连续存储，因而一个数组所占内存单元为一个数组元素所需内存单元数与数组元数的乘积。数组以下标区分各数组元素，数组元素可以是任何类型，包括数组类型；数组元素的个数称为数组长度。下标的个数有一个或多个，有一个下标的数组称为一维数组，有多个下标的数组称为多维数组。数组的下标从零开始：具有 n 个元素的数组的下标是从 $0 \sim n-1$。

下面首先学习最简单的数组，即一维数组。

1. 一维数组的声明

在声明数组时，先定义数组中的元素类型，其后是一对空方括号和一个变量名。

声明一维数组的格式为：

```
数据类型[] 数组名;
```

例如：

```
int[] myArray;  //声明了一个一维数组myArray
```

其中，数据类型可以是任何数据类型。一个数组声明后，必须初始化才能使用，数组初始化有很多形式。

2. 一维数组的初始化

声明了数组之后，就必须为数组分配内存，以保存数组的所有元素。数组是引用类型，所以必须为其分配内存。为此，应使用new运算符，指定数组中元素的类型和数量来初始化数组的变量。

格式一：

```
数组名=new 数据类型[无符号整数];
```

如例3-13中，在声明和初始化数组后，变量month就引用了12个整数值。

在指定了数组的大小后，就不能重新设置数组的大小。如果事先不知道数组中应包含多少个元素，就可以使用集合。

除了在两个语句中声明和初始化数组之外，还可以在一个语句中声明和初始化数组，即：

```
数据类型[] 数组名=new 数据类型[无符号整数];
```

【例3-13】定义一个用于存放月份的数组并对其初始化。

```
int[] month;
month=new int[12];
```

或者：

```
int[] month=new int[12];
```

经过初始化后的数组元素的值为0，即month[0]、month[1]、month[2]、……、month[11]的值全为0。

可以使用数组初始化列表为每个数组元素赋值，初始化列表只能在声明数组变量时使用，不能在声明数组之后使用。

格式二：

```
数据类型[] 数组名=new 数据类型[无符号整数]{初始化列表};
```

格式三：

```
数据类型[] 数组名;
数组名=new 数据类型[无符号整数]{初值列表};              //定义数组后再初始化数组
```

格式二和格式三中初始化列表中各元素值间用逗号隔开，数组长度（即无符号整数）与初始化列表中元素值的个数要一致，如果用花括号初始化数组，可以不指定数组的大小，因为编译器会自动统计元素的个数，此时无符号整数可省。

【例3-14】将例3-13定义的数组进行初始化。

```
int[] month=new int[12]{1,2,3,4,5,6,7,8,9,10,11,12};
```

或：

```
int[] month=new int[]{1,2,3,4,5,6,7,8,9,10,11,12};
```

或：

```
int[] month;
month=new int[]{1,2,3,4,5,6,7,8,9,10,11,12};
```

也可以使用更简单的形式：

```
int[] month={1,2,3,4,5,6,7,8,9,10,11,12};
```

经过初始化后的数组元素的值为0，即month[0]、month[1]、month[2]、……、month[11]的值分别为1、2、3、……、12。

3. 一维数组元素的访问

数组声明和初始化后，就可用下标访问其元素。数组只支持整型下标。下标总是以0开头，表示第一个元素，数组元素最大下标值是数组长度（元素个数）减1。数组元素个数可以使用数组的Length属性获取。

一维数组元素的访问格式：

```
数组名[下标]
```

【例3-15】定义一个数组day[]，存放平年各月份的天数，当输入要查询月份量时显示月份及当月天数。

```
using System;
namespace month_day
{   class Program
    {   static void Main(string[] args)
        {   int[] day={ 31, 28, 31, 30, 31, 30, 31, 31, 30, 31, 30, 31 };
```

```
        Console.WriteLine(" ");
        Console.Write("请输出要查询的月份：");
        int i=int.Parse(Console.ReadLine());
        Console.Write(" ");
        Console.WriteLine("{0}月份：{1}天", i, day[i - 1]);
        Console.ReadKey();
        }
    }
}
```

程序运行结果如图3-24所示。

图3-24　例3-15运行结果

4. 多维数组

多维数组：有两个或多个下标的数组。下面介绍最简单的多维数组——二维数组。

在C#中声明二维数组，需要在方括号中加上逗号。二维数组在初始化时应指定每一维的大小，数组的元素个数为两维大小值的积。

声明并初始化二维数组的格式：

```
数据类型[,] 数组名=new 数据类型[无符号整数,无符号整数]
```

如声明并初始化一个三行四列的数组：

```
int[,] array=new int[3,4];
```

此整型二维数组array有12（即3×4）个元素，声明了一个二维数组，编译器默认该int类型的数组元素初始化为0。若要给元素赋值，直接利用下标给各元素赋值即可。注意：数组的序号都是从0开始计数的，如例3-16所示。

【例3-16】定义一个三行四列的数组array，按array[0,0]=13;array[1,0]=21;array[2,1]=33;array[2,3]=44;分别给相应元素赋值，然后输出整个数组。

```
using System;
namespace arr_1_1
{ class Program
    { static void Main(string[] args)
        {   int[,] array=new int[3,4];
            array[0,0]=13; array[1,0]=21; array[2,1]=33; array[2,3]=44;
            for(int i=0;i<3;i++)
            {   for(int j=0;j<4;j++)
                { Console.Write(array[i,j]);
                    Console.Write(" ");
                }
                Console.WriteLine("");   //一行后换行
            }
            Console.ReadKey();
        }
    }
}
```

程序运行结果如图3-25所示。

图 3-25　例 3-16 运行结果

从例3-16可以看出：C#系统给int类型数组的未赋值元素都赋值0。

数组声明和初始化，还可以在声明数组的同时给其赋值，此时，数组元素的个数可以不给出。下面两行代码的结果是一样的

```
int[,] array=new int[3,2]{{4,5},{6,8},{3,9}};
int[,] array=new int[,]{{4,5},{6,8},{3,9}};
```

二、结构体

现实世界中，经常由多种不同类型的数据来描述一个事物，如描述一个人：由姓名、年龄、体重、身高、家庭住址等构成，在C#中以结构体来处理这一类数据。结构体是值类型数据结构，它使得一个单一变量可以存储各种数据类型的相关数据。结构体用struct关键字来声明创建。

1. 结构体声明格式

```
访问修饰符 struct结构体名
{
    数据类型 成员1名;
    数据类型 成员2名;
    ...
    数据类型 成员n名;
}
```

结构是值类型，直接包含数据，每个结构都保存自己的一份数据，修改每个结构的数据都不会对其他结构的数据造成影响。

【例3-17】定义一个存放用户信息的结构体users，其中有身份证号码、姓名、性别、年龄、门牌号、物业费。

users结构体声明为：

```
struct users                  //自定义结构体数据类型，用来描述员工的信息
{   public string ID;         //身份证号码
    public string Name;       //姓名
    public bool Sex;          //性别
    public int Age;           //年龄
    public string Nation;     //门牌号
    public float Fee;         //物业费
}
```

2. 定义结构体变量

```
struct 结构体名 变量1,变量2,…;
```

3. 结构体赋值

如果从结构中创建一个对象，并将该对象赋给某个变量，则该变量包含结构的全部值。复制类型为结构的变量时，将同时复制该结构所持有的所有数据。由于结构不是引用类型，因此结构

类型的变量不能被赋予null值。

【例3-18】利用例3-17定义的结构体users定义三个结构体变量，分别对u1的姓名、性别、年龄、门牌号、物业费赋值。并将u1年龄赋给u2，再将u1赋给u3。

```
public class Program
{  static void Main(string[] args)
   {  Struct tenement u1,u2,u3;          //定义Struct tenement结构变量u1、u2、u3
      u1.Name="张三";                     //户主姓名
      u1.Age=25;                          //户主年龄
      u1.Sex="男";                        //户主性别
      u1.Fee=128.5;                       //物业费
      u2.Age=u1.Age;                      //u1的年龄值赋给u2
      u3=u1;                              //u1的所有信息赋给u3
   }
}
```

4. 结构体成员的引用

结构体数据存放在各成员中，因而对结构体变量的操作常常需要对结构体成员进行操作。

结构体成员的引用格式：

结构体变量名.成员变量

三、循环结构

循环结构是根据条件表达式是否成立（为真或非零）来决定是否重复执行某一语句或多条语句构成语句块。

为了弄清楚为什么要引入循环结构，下面通过引例进行说明，引入循环结构后会使程序代码更加简洁。

【引例】求自然数1～100的和，并显示结果。

本题若直接用顺序结构求和，将使代码重复过多，代码冗长，具体如图3-26所示。

程序代码为：

```
using ……;
namespace sum_0
{ class Program
  static void Main(string[] args)
  { int i,sum=0;
  i=1;
  sum=sum+i;
  i++;
  sum=sum+i;
  i++;
  sum=sum+i;
  i++;
  sum=sum+i;
  i++;
  …
  sum=sum+i;
  i++;
  sum=sum+i;
```

i++;
sum=sum+i;
重复99次

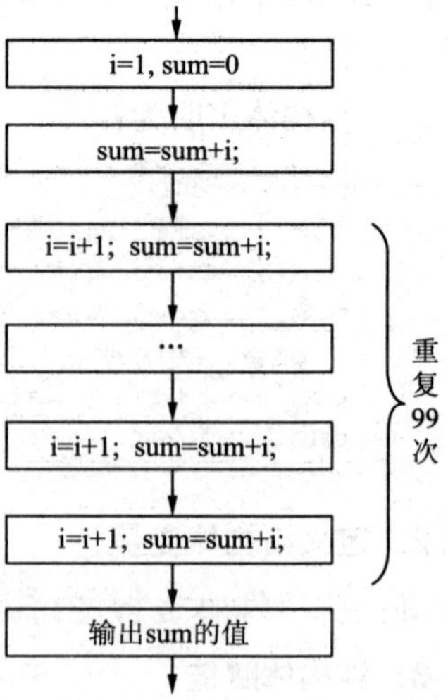

图 3-26　引例的顺序结构流程图

```
        Console.WriteLine("sum=1+2+…+100={0}",sum);
        Console.ReadKey();
    }
}
```

下面利用循环解决此问题，会发现程序代码将简化很多，具体流程如图3-27所示。根据流程图写出程序代码为：

```
using ……;
namespace sum_1
{ class Program
  { static void Main(string[] args)
    { int i=1,sum=0;
        //定义两个整型变量i和sum，其中sum存储累加和并赋
初值0，累加数放在整型变量i中
        while(i<=100)
        { sum=sum+i;
          i++;
        }
        Console.WriteLine("sum=1+2+…+100={0}",sum);
        Console.ReadKey();
      }
    }
}
```

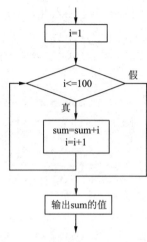

图 3-27　引例的循环结构流程图

加下画线部分的代码即是循环结构，首先在循环开始前对i赋初值1，然后顺序执行到while时开始循环结构的执行，先判断i<=100是否成立，显示是成立的，接着执行while后面的大括号内的语句：将当前的i值1加至sum变量中，再将i加1变成2。再往后遇到while后面的大括号的右括号}，返回while处再判断i<=100是否成立（此时i值为2），显然i<=100仍然成立，然后执行while后面的大括号内的语句，……，直至i值变成100时i<=100仍成立，再执行while后面的大括号内的语句：将当前的i值100加至sum变量中，再将i加1变成101。再次返回while判断i<=100是否成立（此时i值为101），故i<=100不成立，退出循环，执行while后的语句Console.WriteLine("sum=1+2+…+100={0}",sum);输出sum的值。

循环结构又称重复结构，C#提供的循环语句有四种：for语句、while语句、do-while语句、foreach语句。

1. for语句

for语句循环是先判断，后执行的循环。for语句的一般形式为：

`for(表达式1;表达式2;表达式3){语句块}`

for语句执行流程：先计算表达式1的值，然后计算表达式2的值，若表达式2的值为真，执行语句块后，再计算表达式3；随后再进入下次循环判断，计算计算表达式2的值，若表达式2的值为真，开始继续循环（依次执行语句块和计算表达式3，如此重复；若某次循环开始时计算表达式2的值为假，则退出循环。具体执行流程图如图3-28所示。

上述for语句的一般形式中，表达式1为循环变量初始化，表达式2为

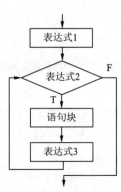

图 3-28　for 循环流程图

循环条件，表达式3为循环增量。因而for语句的一般形式也可表示为：

```
for(循环变量初始化;循环条件;循环增量) {语句块}
```

先进行循环变量初始化，一般是以循环变量为条件判断，若循环条件为真，执行语句后，再执行循环增量，进入下次循环继续判断循环条件，若循环条件为真则重复，若循环条件为假则退出循环。

【例3-19】输入九九乘法表的一行（如1×6至6×6）。

```
using System;
namespace ConsoleApplication1
{ class Program
  { static void Main(string[] args)
    { Console.WindowWidth=90;
      for(int i=1;i<=6;i++)
      { Console.Write("{0}×6={1}",i,i*6);
        Console.Write("   ");
      }
      Console.ReadKey();
    }
  }
}
```

程序运行结果如图3-29所示。

```
1×6=6   2×6=12   3×6=18   4×6=24   5×6=30   6×6=36
```

图 3-29 例 3-19 运行结果

2．for语句嵌套

for语句嵌套就是在for语句中加一个或多个for语句完成复杂的循环体。

常用for语句嵌套的一般形式为：

```
for(表达式11;表达式12;表达式13)
{ for(表达式21;表达式22;表达式23)
  {语句块2}
  [语句块1]
}
```

其中，包含别的for语句的循环（如"for(表达式11;…)"）称为外循环，被包含的for语句的循环（如"for(表达式21;…)"）称为内循环，上例中内循环的循环体为"{语句块2}"，而"内循环+[语句块1]"构成外循环的循环体。

for语句嵌套执行过程中，只有外循环的表达式12为真时，才进入其循环体，此时才能进入内循环，当内循环执行退出后，执行语句块1，然后再进入外循环的下一次循环。

【例3-20】输出九九乘法表。

```
using System;
namespace ConsoleApplication1
{ class Program
  { static void Main(string[] args)
```

```
  { Console.WindowWidth=90;          //设置窗口宽度
    for (int i=1;i<=9;i++)
    { for (int j=1;j<=i;j++)
      { Console.Write("{0}×{1}={2}",j,i,i*j);
        Console.Write("  ");
      }
      Console.WriteLine();           //换行
    }
    Console.ReadKey();
  }
 }
}
```

程序运行结果如图3-30所示。

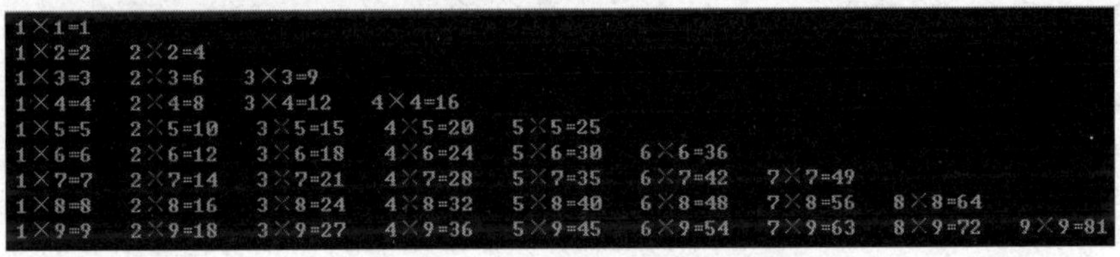

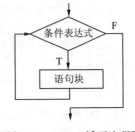

图 3-30　例 3-20 运行结果

3．while语句

while语句的循环是先判断，后执行。即在满足某个条件时反复执行一个语句块（称为循环体），直到条件为假时退出循环。

while循环的一般格式为：

```
while(条件表达式){语句块;}
```

执行流程：条件表达式为真，执行循环体语句块；一旦条件表达式为假，停止循环。While循环流程图如图3-31所示。

注意：while循环的循环变量往往需要在循环开始前赋初值，同时循环体中要有修改循环变量的语句，否则极易变成死循环（即一直循环下去而不能退出循环）。

图 3-31　while 循环流程图

while语句嵌套：

while语句与for语句一样可以进行嵌套，嵌套格式为：

```
while(表达式)
{ while(表达式)
  {循环语句2}
  [循环语句1]
}
```

【例3-21】 求s=1+3+5+…+99的和并输出。

```
using System;
namespace ConsoleApplication3
```

```
{ class Program
  { static void Main(string[] args)
    { int i=1,s=0;                //循环变量i赋初值1,累加和存放于变量s并赋初值0
      while(i<=99)
      { s=s+i;
        i=i+2;                    //修改循环变量i值,否则循环条件i<=99永远为真而变成死循环
      }
      Console.Write("s=1+3+…+99={0}",s);
      Console.ReadKey();
    }
  }
}
```

【例3-22】输出九九乘法表。

```
using System;
namespace ConsoleApplication2
{ class Program
  { static void Main(string[] args)
    { Console.WindowWidth=90;
      int i=1;                   //外循环变量i赋初值1
      while(i<=9)
      { int j=1;                 //内循环变量j赋初值1
        while(j<=i)
        { Console.Write("{0}×{1}={2}",j,i,i*j);
          Console.Write("  ");
          j++;               //修改内循环变量j值,否则外循环条件j<=i永远为真而变成死循环
        }
        i++;                 //修改外循环变量i值,否则外循环条件i<=9永远为真而变成死循环
        Console.WriteLine();  //换行
      }
      Console.ReadKey();
    }
  }
}
```

4. do-while语句

do-while语句的循环是先执行,后判断。即先执行循环体,再判断循环条件,直到条件不满足时停止循环。

do-while循环的一般格式为:

```
do{
  语句块;
}while(条件表达式);
```

执行流程:先执行循环体语句块,再计算条件表达式,若为真,继续执行循环体语句块;一旦条件表达式为假,停止循环,do-while循环流程图如图3-32所示。

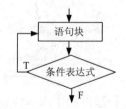

图3-32　do-while循环流程图

注意:while循环的循环变量往往需要在循环开始前赋初值,同时循环体中要有修改循环变量

语句，否则极易变成死循环。"while(条件表达式);"句末分号不要遗漏。

【例3-23】求s=1+3+5+…+99的和并输出。

```
using System;
namespace ConsoleApplication3
{ class Program
  { static void Main(string[] args)
    { int i=1,s=0;          //循环变量i赋初值1，累加和存放于变量s并赋初值0
      do
      { s=s+i;
        i=i+2;              //修改循环变量i值，否则循环条件i<=99永远为真而变成死循环
      }while(i<=99);
      Console.Write("s=1+3+…+99={0}",s);
      Console.ReadKey();
    }
  }
}
```

do-while语句与while语句大致相同，只不过，while语句是先判断，后执行，而do-while语句是先执行，后判断。

5. foreach语句（先判断，后执行）

foreach语句就是循环遍历集合或数组中的每个元素。

foreach语句的一般形式为：

```
foreach(数据类型 标识符 in 表达式)
{ 语句块(循环体)
}
```

执行流程：每次循环先从数组或集合中取出一个新元素值，放到只读变量中去，如果括号中的整个表达式返回值为true，foreach中的语句块就能够执行。一旦数组或集合中的元素都已经被访问到，整个表达式的值为false，控制流程就转入foreach块后面的执行语句。foreach语句流程图如图3-33所示。

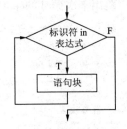

图3-33　foreach语句流程图

【例3-24】定义一个数组并进行初始化，然后利用foreach语句遍历显示出来。

```
using System;
namespace str_arr
{ class Program
  { static void Main(string[] args)
    { string[] stu=new string[4] {"郑民","方圆","李武","王丽" };
      foreach (string k  in stu)
      { Console.Write(" "+k+"  ");
      }
      Console.ReadKey();
    }
  }
}
```

程序运行结果如图3-34所示。

```
郑民    方圆  李武   王丽
```

图3-34 例3-24 运行结果

四、break 语句

在switch语句中，break语句的作用是跳出switch语句；在循环体中，break语句的作用是跳出本层循环（通常与if语句连用）。

跳出本层循环的break语句形式为：

```
while(条件表达式1){
  if(条件表达式2)
  { 语句块1;
    break;
  }
  语句块2;
}
```

当条件表达式2为真时，执行语句块1后执行break语句跳出循环，不再执行语句块2，也不再继续循环。

五、continue 语句

continue语句在循环体中的作用是结束本次循环（continue后面的代码不再执行），进入下次循环（通常与if语句连用）。

跳出本次循环的continue语句形式为：

```
while(条件表达式1)
{ if(条件表达式2)
  { 语句块1;
    continue;
  }
  语句块2;
}
```

当条件表达式2为真时，执行语句块1后执行continue语句结束本次循环，不再执行语句块2，直接进入下一次循环条件判断，此时若条件表达式1为真，则进入下次循环，否则跳出循环。

【例3-25】使用break和continue语句求s=1+3+5+…+99的和并输出。

```
using System;
namespace ConsoleApplication3
{ class Program
  { static void Main(string[] args)
    { int i=0,s=0;        //循环变量i赋初值0，累加和存放于变量s并赋初值0
      while(1)            //外循环条件为永"真"，程序将在后面通过break语句跳出循环
      { i++;             //修改循环变量i值，每次加1
        if(i/2==1)        //循环变量i为奇数才执行累加语句，否则执行continue
          s=s+i;
```

```
      else
         continue;        //循环变量i不为奇数，执行continue语句进行下一次循环
      if(i>=99)           //变量i>=99条件要视情况而定，由于i到99已累加过，可以退出循环
         break;           //循环变量i达到99，执行break语句跳出循环
      }
      Console.Write("s=1+3+…+99={0}",s);
      Console.ReadKey();
    }
  }
}
```

任务实施

创建一个"物业管理系统"应用系统的管理用户数组Username[]，其值分别为：user01、user02、user03、group1、syst01、admin，其中最后一个元素admin为系统管理员，要求先显示：admin—系统管理员，然后换行显示其他各用户名。

定义一个长度为6的数组userName[]并对其进行初始化，首先通过Length属性得到数组长度，显示最后一个（下标为数组长度−1）数组元素和"−−系统管理员"（通过字符串连接符"+"完成），然后通过循环逐个显示前5个元素，其中循环时，下标通过变量i进行控制，下标最大为数组长度−2。

```
using System;
namespace arr_1
{
  class Program
  { static void Main(string[] args)
    { string[] userName;
      userName=new string[6]{"user01","user02","user03","group01","syst01","admin" };
      Console.WriteLine(userName[userName.Length-1]+"--系统管理员");
      for(int i=0;i<userName.Length-1; i++)
      { Console.Write(" ");
        Console.Write(userName[i]);
      }
      Console.ReadKey();
    }
  }
}
```

程序运行结果如图3-35所示。

图 3-35　程序运行结果

任务 6　查询住户信息

任务导入

本任务是利用结构数组来存储用户数据，这样有利于对用户和数据进行管理，通过声明结构

数组和对结构数组元素成员的引用完成物业管理系统的查询，本任务将按姓名、身份证号和门牌号对业主信息进行查询。

知识技能准备

结构数组

结构体在处理现实事物中给用户带来了诸多方便，一个结构体变量可以存储一个现实实体，但如果这种实体数量多了以后，就需要声明许多相同类型的结构体变量，C#的结构体数组可以方便地解决此类问题。

【例3-26】定义一个结构体数组，该结构体要求有学号（id）、姓名（name）、一门课程名（cname）、成绩（score），用以存放5位同学某门课程的成绩，然后输出每位同学的成绩。五位同学相关数据为：1001,"张三"，"C#",87；2011,"李五"，"C#",83；2015,"孙刚"，"C#",79；1026,"方朱玉"，"C#",92；2028,"邵燕卿"，"C#",89。

先声明结构体CSC数组student[]（有三种形式）：

```
public struct CSC
{   public int id;
    public string  name;
    public string cname;
    public int score);
    }student[5];                                    //结构体数组第一种定义形式
    //struct struct CSC student[5];                 //结构体数组第二种定义形式
    //public struct CSC[] student=new CSC[5]        //结构体数组第三种定义形式
}
```

程序代码：

```
using System;
namespace str_arr
{ public struct CSC
    {   public int id;
        public string name;
        public string cname;
        public int score;
    }
    class Program
    { static void Main(string[] args)
        { CSC[] student=new CSC[5];          //通过new方法初始化结构体数组student
            student[0].id=1001;              //对结构体数组student元素各成员赋值
            student[0].name="张三";
            student[0].cname="C#";
            student[0].score=87;
            student[1].id=2011;
            student[1].name="李五";
            student[1].cname="C#";
            student[1].score=83;
```

```
        student[2].id=2015;
        student[2].name="孙刚";
        student[2].cname="C#";
        student[2].score=79;
        student[3].id=1026;
        student[3].name="方朱玉";
        student[3].cname="C#";
        student[3].score=92;
        student[4].id=2028;
        student[4].name="邵燕卿";
        student[4].cname="C#";
        student[4].score=89;
        Console.WriteLine(" ");
        for(int i=0;i<5;i++)   //通过循环输出各结构体数组元素的成员值
        { Console.Write(student[i].id+"  ");
          Console.Write(student[i].name+"  ");
          Console.Write(student[i].cname+"   ");
          Console.Write(student[i].score+"   ");
          Console.WriteLine(" ");
        }
        Console.ReadKey();
    }
  }
}
```

程序运行结果如图3-36所示。

图 3-36　例 3-26 运行结果

 任务实施

　　现有物业管理系统的数据如表3-6所示，请编写查询功能，实现按不同功能查询信息。

表 3-6　职苑物业管理系统住宅管理表（House）

字　段	类　型	说　明
id	int	主键
card_ID	string	户主身份证号码，一个身份证可能有多套住房
name	string	户主姓名
sex	string	户主性别
tel	string	联系电话
count	int	常住人口数
property	float	物业管理费，住宅 1 元 / 平方米
H_NO	string	门牌号

定义一个结构体数组owner，存放表3-7所示的数据，然后按查询方式分别进行查询，先定义一个public struct clowner 结构体，再定义一个clowner结构体的数组owner，还定义了四个变量i、j、k、x。变量i、j、k、x的作用分别如下：

i：控制是否经查询无结果，还是根本没查询。

k：控制选择不当时，重新返回选择菜单。

j：控制循环，用于查询时的轮询。

x：功能选择，控制分支。

表 3-7 住宅管理表中数据

id	card_ID	name	sex	tel	count	property	H_NO
1001	340708	王小六	男	11366800512	5	142	1028
1025	340706	李尚贤	男	13411117562	3	105	1036
2031	350221	祁桂平	女	15322227689	4	99	2032
3043	320982	张舒来	女	17533335886	3	92	3071
2035	340612	易晓春	男	19355559272	2	87	2052

程序代码：

```
using System;
namespace owner_sel
{   public struct clowner
    {   public int id;
        public string card_ID;
        public string name;
        public string sex;
        public string tel;
        public int count;
        public float property;
        public string H_NO;
    }
    class Program
    {   static void Main(string[] args)
        {   int i=0,k=1;
            clowner[] owner=new clowner[5];
            //对owner结构体数组元素的成员分别赋值
            owner[0].id=1001;
            owner[0].card_ID="340708";
            owner[0].name="王小六";
            owner[0].sex="男";
            owner[0].tel="11366800512";
            owner[0].count=5;
            owner[0].property=142;
            owner[0].H_NO="1028";
            owner[1].id=1025;
            owner[1].card_ID="340706";
            owner[1].name="李尚贤";
            owner[1].sex="男";
```

```
owner[1].tel="13411117562";
owner[1].count=3;
owner[1].property=105;
owner[1].H_NO="1036";
owner[2].id=2031;
owner[2].card_ID="350221";
owner[2].name="祁桂平";
owner[2].sex="女";
owner[2].tel="15322227689";
owner[2].count=4;
owner[2].property=99;
owner[2].H_NO="2032";
owner[3].id=3043;
owner[3].card_ID="320982";
owner[3].name="张舒来";
owner[3].sex="女";
owner[3].tel="17533335886";
owner[3].count=3;
owner[3].property=92;
owner[3].H_NO="3071";
owner[4].id=2035;
owner[4].card_ID="340612";
owner[4].name="易晓春";
owner[4].sex="男";
owner[4].tel="19355559272";
owner[4].count=2;
owner[4].property=87;
owner[4].H_NO="2052";
Console.WindowWidth=100;
do
{   console.Write("请选择查询方式（1-姓名，2-身份证号，3-门牌号),0-退出查询：");
    int x=Console.Read()-48;
    Console.ReadLine();
    switch(x)
    {   case 1:
        {   Console.Write("请输入查询姓名：");
            string sname=Console.ReadLine();
            for(int j=0;j<5;j++)
            {   if(sname==owner[j].name)
                {   Console.WriteLine("");
                    Console.Write("您查询的是身份证号："+owner[j].card_ID
+ "\t姓名："+owner[j].name + "\t性别："+owner[j].sex+"\t电话："+owner[j].tel+"\t门
牌号："+owner[j].H_NO+"\n");
                    i++;
                }
            }
            k++;
            break;
        }
        case 2:
        {   Console.Write("请输入查询身份证号:");
            string sc_card=Console.ReadLine();
```

```
                        for (int j=0;j<5;j++)
                        {  if (sc_card==owner[j].card_ID)
                           {  Console.WriteLine("");
                              Console.Write("您查询的是身份证号: " + owner[j].
card_ID + "\t姓名: " + owner[j].name + "\t性别: " + owner[j].sex + "\t电话: " +
owner[j].tel + "\t门牌号: " + owner[j].H_NO + "\n");
                              i++;
                           }
                        }
                        k++;
                        break;
                     }
                 case 3:
                     {  Console.Write("请输入查询门牌号: ");
                        string shno=Console.ReadLine();
                        for(int j=0;j<5;j++)
                        {  if(shno==owner[j].H_NO)
                           {  Console.WriteLine("");
                              Console.Write("您查询的是身份证号: " + owner[j].
card_ID + "\t姓名: " + owner[j].name + "\t性别: " + owner[j].sex + "\t电话: " +
owner[j].tel + "\t门牌号: " + owner[j].H_NO + "\n");
                              i++;
                           }
                        }
                        k++;
                        break;
                     }
                 case 0:
                     {  k++; i++;
                        Console.WriteLine("");
                        Console.Write("谢谢您的使用。按任一键退出查询,再见! ");
                        break;
                     }
                 default:
                     {  Console.WriteLine("");
                        Console.Write("您的选择有误! 请重新选择! ");
                        Console.ReadKey();
                        Console.Clear();              //清屏
                        i++;
                        break;
                     }
                }
            } while(k==1);
            if(i==0)
            {  Console.WriteLine("");
               Console.Write("您查询的内容不存在,按任一键退出查询,再见! ");
            }
            Console.ReadKey();
        }
    }
}
```

程序运行结果如图3-37所示。

```
请选择查询方式（1-姓名，2-身份证号，3-门牌号），0-退出查询：3
请输入查询门牌号：2052

您查询的是身份证号：340612     姓名：易晓春     性别：男     电话：19355559272     门牌号：2052
```

图 3-37　程序运行结果

知 识 拓 展

一、字符串连接符

C#中通过Console.WriteLine( )输出字符串时，可以使用"+"（如例3-15、例3-19等）将字符串连接起来，见3.6.3的代码所示。

二、枚举

enum：枚举类型多用于"多项选择"场合，程序运行时从已设定的固定项中做"选择"。枚举为定义一组可以赋给变量的命名整型常量提供了一种有效的方法。

枚举类型是使用enum关键字声明的。声明枚举类型用enum开头，其中大括号存放每一项（称为枚举元素），每一枚举元素以"，"分隔。

```
enum 枚举名{枚举的元素表}
```

例如，假设必须定义一个变量，该变量的值表示一周中的一天。该变量只能存储七个有意义的值。若要定义这些值，可以使用枚举类型。

```
enum weekday{Sunday,Monday,Tuesday,Wednesday,Thursday,Friday,Saturday};
```

枚举中大小写是敏感的，枚举类型的元素使用的类型只能是long、int、short、byte。默认类型是int且第一个元素的值是0，每个连续的元素按1递增，在前面的示例中，weekday.Sunday的值为0，weekday.Monday的值为1，依此类推。

枚举元素值可以改变，可以使用等号指定另一种整数值类型，此时其后的元素值在此基础上加1。例如：

```
enum weekday{Sunday=1,Monday,Tuesday=4,Wednesday,Thursday,Friday,Saturday};
```

此时，weekday.Sunday的值为1，weekday.Monday的值为2，weekday.Tuesday的值为4, weekday. Wednesday的值为5，依此类推。

三、跳转语句 goto 和 return

1. goto语句

程序执行goto语句时，将跳向某个标签标记的语句去执行。goto语句格式：

```
goto <语句标签;>
```

goto语句用法灵活，可实现很多功能，但goto语句的跳转会影响程序的结构，在使用时会使人迷茫，所以一般不建议使用，但是用它可以实现递归、循环、选择功能，使用起来也很方便，存在即有价值。例如，goto语句可以与条件语句配合使用，实现循环功能（只是实现循环功能，其中不能使用break和continue语句）。

【例3-27】用if语句和goto语句求s=1+3+5+…+99的和并输出。

```
using System;
namespace ConsoleApplication5
{   class Program
    {   static void Main(string[] args)
        {   int i=1,s=0;
   loop:i=i+2;                    //本语句加上标签loop
            s=s+i;
            if(i<99)              //变量i<条件就执行goto语句，跳转至标签loop语句执行
                goto loop;
            Console.Write("s=1+3+…+99={0}",s);
            Console.ReadKey();
        }
    }
}
```

2. return语句

return语句的功能是结束当前函数（方法）或返回函数值。return语句格式如下：

```
return [<表达式>]
```

return：直接作为一条语句表示结束当前函数（也可以称为方法）；不返回值，直接跳出正在执行的函数，不执行return后面的代码。

return <表达式>：返回和函数返回类型一致的值或对象。

return语句只能出现在函数体内，出现在代码的其他任何地方都会造成语法错误。

四、代码折叠与展开

当程序代码太长，且屏幕窗口有限时，需查看非当前显示的代码，此时将代码块折叠起来，这样更便于查看代码。

C#代码编辑器提供了函数、类、命名空间的代码折叠/展开功能。在Visual Studio 2015代码编辑器中可以用鼠标单击每段代码前的"+"或"-"实现代码块折叠和展开，如图3-38所示；还可以利用C#快捷键展开和折叠代码，具体代码展开和折叠的快捷键如表3-8所示；甚至可以通过#region和#endregion自定义折叠块以实现代码展开和折叠，如图3-39所示。

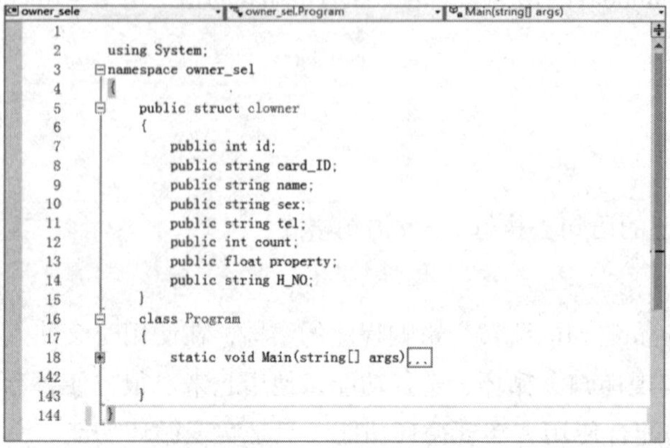

图 3-38　代码折叠/展开

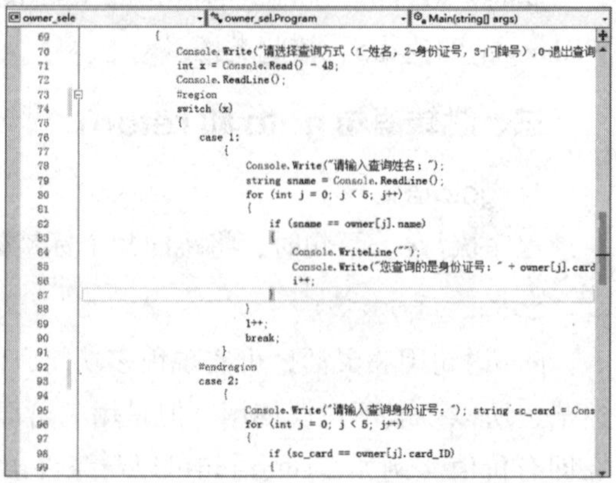

图 3-39　自定义折叠/展开的代码块

表 3-8 C# 代码展开和折叠快捷键

快 捷 键	功 能
Ctrl+M+ 光标所在块	单击 M 折叠 / 双击 M 展开
Ctrl+M+O	折叠所有块
Ctrl+M+L	展开所有块
#region //code #endregion	自定义折叠块

注意： 用#region和#endregion只对编辑器有用，不参与编译；且#region和#endregion只在 Visual Studio代码编辑器中有效。C#的代码折叠最小只能到函数级，像if和for之类的花括号是无法折叠的。

小　结

本单元主要介绍了C#的基础知识，主要包括数据类型、常量、变量及表达式，重点介绍了C#基本数据类型（整型、实型、字符型和字符串），还介绍了数组和结构体。并以此模拟显示物业管理系统的主菜单、用户登录和物业费计算、用户信息查询等。通过本单元的学习将为后面单元的学习打下基础。

实　训

实训1：显示系统主菜单。设计一个物业管理系统的另一种菜单，如图3-40所示。

图 3-40　系统主菜单

实训2：针对上个实训，完成后根据不同选择，分别显示各菜单名（自行选择分支语句完成）。

实训3：编写循环语句程序，计算s=1+3+5+…+99的值并显示结果。

习　题

一、填空题

1. C#中的三元运算符是_____。

2. 操作符_____用来说明两个条件同为真的情况。

3. 运算符_____是将左右操作数相加的结果赋值给左操作数。

4. 在C#中，进行注释有两种方法：使用_____和使用_____符号对，其中_____只能进行单行注释。

5. System.Array有一个_____属性，通过它可以获取数组的长度。

6. 在C#语言中，实现循环的主要语句有while、do-while、for和_____语句。

7. 在C#语言中，可以用来遍历数组元素的循环语句是_____。

8. 数组是一种_____类型。

9. 在do-while循环结构中，循环体至少要执行_____次。

10. C#语言源代码文件的扩展名是_____。

11. 每个枚举成员均具有相关联的常量值，默认时，第一个枚举成员的关联值为_____。

12. 在while循环语句中，一定要有修改循环条件的语句，否则，可能造成_____。

13. C#数组元素的下标从_____开始。

14. 下列程序段执行后，a[4]的值为_____。

```
int[]a={1,2,3,4,5};a[4]=a[a[2]];
```

15. 当在程序中执行到_____语句时，将结束本层循环语句或switch语句的执行。

16. 在switch语句中，_____语句是可选的，且若存在，只能有一个。

17. 如果int x的初始值为7，则执行表达式x-=3之后，x的值为_____。

18. 存储整数型变量应该使用_____关键字声明。

二、选择题

1. 在C#中现有char x='H', y='h', 经运算int z=x>y?:x+3:y-2; 则z的值为（　　）。
   A. 69   B. 75   C. 102   D. 104

2. float f=-123.567F; int i=(int)f; i的值现在是（　　）。
   A. -123   B. -122   C. -124   D. 123.567.

3. 设x为int型变量，描述"x是奇数"的C#语言表达式是（　　）。
   A. x/2=0   B. x%2==1   C. x%2=0   D. x/2=1

4. 在带有（&&）操作符的语句中，如果其中两个条件都为真，则语句为（　　）。
   A. 假   B. 随前一个操作数的值
   C. 随后一个操作数的值   D. 真

5. 元素类型为int的10个元素的数组共占用（　　）字节的存储空间。
   A. 10   B. 20   C. 80   D. 40

6. C#中bool类型只有两个值，分别是（　　）。
   A. true false   B. 0 1   C. 0 非0   D. AND NOT

7. 当在程序中执行到continue语句时，将（　　）。
   A. 对循环嵌套将结束本次循环，直接进入最外层的进入下一次循环
   B. 结束所在层的循环
   C. 结束所在层的循环语句中循环体的一次执行
   D. 无论多少层循环嵌套，都将结束循环

8. 设x=9;则表达式x<9?x=0:x++的值为（　　　）。

    A. 0　　　　　　　　B. 9　　　　　　　　C. 11　　　　　　　　D. 10

9. 常量通过（　　　）关键字进行声明。

    A. float　　　　　　B. int　　　　　　　C. var　　　　　　　D. const

10. break语句只能用于（　　　）语句中。

    A. 循环语句或 switch　　　　　　　　　B. if 或 switch

    C. for 或 switch　　　　　　　　　　　D. 循环语句或 if

三、程序题

1. 下面这段代码有哪些错误？

```
switch (i){
  case():CaseZero();break;
  case 1: CaseOne();break;
  case 2: dufault; //wrong
  CaseTwo();
  break;
}
```

2. 编写程序求以下表达式的值（可用一种或多种方法实现）。

```
1-2+3-4+…+m
```

3. 在C#中，执行以下代码后S的结果为何值？

```
string[] a=new string[7];
aa[0]="33";
aa[6]="66";
string s="";
foreach(string m in aa) s+=m;
```

4. 编写程序，输入一个字母，判断是大写还是小写字母。

5. 猜数字游戏。

```
//请您输入一个0~50之间的数：20（用户输入数字）
//你猜小了，这个数字比20大：30
//你猜大了，这个数字比30小：25
//恭喜你猜对了，这个数字为：25
```

用户猜错了就继续猜，猜对了就停止游戏。

单元 4
面向对象程序设计基础

本单元主要实现职苑物业管理系统中房屋信息等数据基本类的创建，涉及面向对象编程中的一些重要概念及应用：类、对象、类的继承机制及接口使用，掌握这些内容将让读者初步了解什么是面向对象编程理念，为接下来系统后续功能的开发打好基础。

学习目标

➢ 能够归纳抽象出类的结构，熟悉类的定义和对象的创建方法并解决实际问题；

➢ 熟悉类中字段和属性的定义方法，掌握构造函数和属性的定义；

➢ 熟悉类中方法成员的定义及调用；

➢ 理解类的继承和多态性，掌握类的继承及多态性的实现，能够合理地应用于项目开发；

➢ 了解类的接口。

具体任务

➢ 任务1　创建建筑物类

➢ 任务2　创建住宅、商铺类

➢ 任务3　创建物业费计算接口

任务 1　创建建筑物类

任务导入

"职苑物业管理系统"是一个基于C/S模式开发的项目，是使用面向对象的程序设计（Object Oriented Programming，OOP）开发的。OOP是一种计算机编程架构，是基于结构分析的，以数据为中心的程序设计方法。本任务是通过创建物业管理系统中的建筑物类，来了解面向对象程序设计的基本特征，学习如何创建类及对象。

知识技能准备

一、OOP 概述

所谓面向对象就是基于对象概念，以对象为中心，以类和继承为构造机制，来认识、理解、刻画客观世界和设计、构建相应的软件系统。面向对象程序设计完全不同于传统的面向过程程序设计，它大大降低了软件开发的难度，使编程就像搭积木一样简单，已成为当今程序开发领域的主流设计范型。

1. 基本概念

（1）类和对象：对象是由数据及对它们可进行的操作组成的封装体，与现实世界中的客观实体有直接对应关系；类是对具有相似性质的一组对象的抽象定义。

（2）属性、方法：属性是对象的状态和特点。方法是对象能够执行的一系列操作，是对象功能的体现。

（3）抽象：抽象是将一组对象的共同特性总结出来构造类的过程，包括数据抽象和行为抽象两方面。抽象只关注对象有哪些属性和行为，并不关注这些行为的细节是什么。

2. 面向对象的特征

OOP达到了软件开发中的三个主要目标：重用性、灵活性和扩展性。面向对象的特征如下：

（1）封装性。封装是一种信息隐蔽技术，是把数据和操作数据的方法绑定成一个整体，外界只能通过已定义的接口访问数据。类就是对数据和方法的封装，使得模块的独立性增强；用户只能看到对象的外特性，对象的内特性对用户是隐蔽的，因此数据的安全性得到了增强。

（2）继承性。继承是从已有类中得到继承信息来创建新类的过程。继承性是具有层次关系的类之间数据和方法进行共享的一种方式。继承不仅支持系统的可重用性，而且还促进系统的可扩充性。

（3）多态性。多态性是指允许不同对象对同一消息作出不同的响应。多态性分为编译时的多态性和运行时的多态性。方法重载（Overload）实现的是编译时的多态性（又称前绑定），而方法重写（Override）实现的是运行时的多态性（又称后绑定）。运行时的多态是面向对象最精髓的内容。

二、类及对象

OOP的主要思想是将数据及对这些数据可执行的操作都封装到一个称为类（Class）的数据结构中。使用这个类时，只需要定义一个该类的变量即可，这个变量称为对象（Object）。通过调用对象的数据成员完成对类的使用。

1. 类

类是面向对象程序设计特性之一——封装性的具体体现。类本质上可以看作一种数据类型，只是与前一单元所讲到的基本数据类型不同，它是将数据及对这些数据可执行的操作作为一个整体来定义的，组成方式上与前一单元所学习的"结构体"相似。在C#中，类可以分为两种：一种是由系统提供并预先定义的，这些类在.NET框架类库中；另一种是用户根据开发需要自己定义的。在接下来的内容中，我们重点介绍用户自定义类的创建。

1）类的概念

类就是对具有相同特征的一类事物所做的抽象。例如，现实世界中大量的猫、狗、鸡等实体是对象，而"动物"则是对这些对象的抽象，所以"动物"可以看作一个类。

2）类的成员

类的成员可以分为两大类：类本身所声明的；从基类中继承而来的。

前面已经介绍了，类是对数据及对这些数据可执行的操作的抽象封装，因此可以理解为类的内部成员有两种：存储数据的成员、操作数据的成员。

在C#中，存储数据的成员称为成员变量，主要是"字段"；操作数据的成员很多，主要是"方法""属性""构造函数"。

（1）字段：是类定义中的数据部分。类的字段可以是基本数据类型，也可以是由其他类声明的对象。

（2）方法：实质就是函数，即能够完成特定功能的程序代码段。通常用于对字段进行计算和操作。

（3）属性：用于读取和设置"字段"的值，因此属性可看作一种进行"字段"读/写的特殊方法。

（4）构造函数：在使用类声明对象时，完成对象字段初始化设定工作。构造函数也是函数，它的功能就是为对象中各个字段进行初始化设置。所以，广义上来说，构造函数也是类定义中的"方法"，不同于其他方法的是，构造函数仅在对象创建时被调用。

在C#中必须先有类的定义，然后才能由类创建对象。

3）类的定义

一般情况下，在一个类定义中总是包含对字段与属性的声明。

在C#中，使用关键字class定义类，其定义格式为：

```
[类修饰符] class   类名[：基类类名]
{
    // 类的成员
} [;]
```

"类名"必须是一个合法的C#标识符，表示类的名称；大括号内是"类体"，大括号后面可以跟一个分号，也可以省略分号，类的所有成员就在类体内声明。

例如，以下声明一个Animal（动物）类，代码如下：

```
public class Animal
{
    private byte age;        //年龄        ⎫
    private float weight;    //重量        ⎬ 定义字段
    private byte legs;       //腿的数量     ⎭

    public byte Age
    {
        get {  return age;   }
        set {  age=value;  }
    }
    public float Weight
    {
        get { return weight;  }
        set { weight=value; }                 定义属性
    }
    public byte Legs
    {
        get { return legs;   }
        set { legs=value;    }
    }
```

```
public Animal()
{
    age=0;  weight=0.0;  legs=0;           定义构造函数
}

public void Sounds()
{
    Console.WriteLine("动物会发出叫声!");     定义方法
}
}
```

4）修饰符

在类Animal的定义代码中，多次出现public、private标识符，它们就是修饰符。修饰符是用于限定类型以及类型成员声明的一种符号。修饰符按照功能可以分为三类：访问修饰符、类修饰符、成员修饰符。

（1）访问修饰符就是类、属性和方法的定义分级制度，或者可以理解为外界对相应结构的访问权限级别。

① public：访问不受限制。

② protected：访问仅限于包含类或从包含类派生的类型。只有包含该成员的类以及继承的类可以访问。

③ internal：访问仅限于当前程序集。只有当前工程可以访问。

④ protected internal：访问仅限于当前程序集或从包含类派生的类型。

⑤ private：访问仅限于包含类型。只有包含该成员的类可以访问。

（2）类修饰符（即只在class关键字前使用，对类进行定义）。

① abstract：可以被指示一个类只能作为其他类的基类。

② sealed：指示一个类不能被继承。

③ static：修饰类时表示该类是静态类，不能够实例化该类的对象，该类的成员为静态。

（3）成员修饰符（即只在类的成员定义时使用）。

① abstract：指示该方法或属性没有实现。

② const：指定域或局部变量的值不能被改动。

③ event：声明一个事件。

④ extern：指示相应方法成员在外部可实现。

⑤ override：对由基类继承成员的新实现。

⑥ readonly：只读的意思，表示该成员不能进行写操作。

以上仅是对修饰符含义的浅显介绍，具体作用需在程序应用中去巩固了解。

5）定义字段

字段的定义格式与普通变量的定义格式相同。在类体中，字段的定义位置没有特殊规定，但一般习惯上将字段定义写在类体的开头部分，以方便阅读。

比如在Animal类中定义了三个字段，记录年龄、体重、腿的数目三个数据。

6）定义方法

方法是能够完成特定功能的程序代码段。方法必须放在类定义中。方法同样必须先定义后使用，在.NET Framework中存在大量的系统方法，如前面学习的Console类中的WriteLine方法、ReadLine方法，Int32的Parse方法等。这些系统方法不需要用户定义，直接调用使用即可。如果用户有自己的设计要求，也可以自定义方法，如例子中Animal类的Sounds方法。

关于自定义方法及方法的具体使用，将在本节后面的延伸阅读中进行详细介绍。

2. 对象

对象就是现实世界中的实体。类和对象有着紧密的关系：类是对象的模板，对象是类的实例。或者可以说，类是一种抽象的分类，对象则是具体事物。比如说，前面创建了动物类（Animal），那么一只鸭子（Duck）就可以看作一个实例对象。"动物"是抽象概念，"鸭子"就是具体存在的实体。

1）实例化对象

所谓实例化是指用类创建对象的过程，是将一个抽象的概念类，具体到该类实物的过程。在此过程中，使用new关键字完成。

基本语句格式如下：

```
类名 对象名=new 类名();
```

例如，之前说的"鸭子"对象的实例化，可以定义为：

```
Animal Duck=new Animal();
```

2）访问对象成员

对象是类的实例，因此类在定义中有哪些成员，由该类实例化的对象就都具备。但是类是模板、是抽象，不可以直接应用，如果要进行具体操作，首先得实例化对象。就好像对着空气挥拳毫无意义，如果面前放个沙包，这一拳挥出去才能有所反应。这就是面向对象程序设计的实质。

因此对类中各成员的访问及操作，需要通过对象实现。当然也不是全部，下面介绍这个问题——静态成员与非静态成员。

（1）静态成员。静态成员是在声明成员时在前面加上static关键字，静态成员属于类所有。因此，静态成员的访问格式为：

```
类名.静态成员名
```

（2）非静态成员。非静态成员是在声明成员时前面没有static关键字，非静态成员属于类的对象所有。因此，非静态成员的访问格式为：

```
对象名.非静态成员名
```

下面举例说明。为了集中说明静态成员与非静态成员的区别，将Animal类的定义稍微简化一下。

【例4-1】静态与非静态成员的访问区别。

```
public class Animal
{
    private static string type="animal";              //静态成员
    private byte age=2;                                //非静态成员
    private float weight=2;            //非静态成员
```

```
    static void Main(string[] args)
    {
        Animal Duck=new Animal();
        Console.WriteLine("鸭子是"+ Animal.type );
        Console.Write("这只鸭子{0}岁，{1}KG重", Duck.age, Duck.weight);
        Console.ReadKey();
    }
}
```

程序运行结果如图4-1所示。

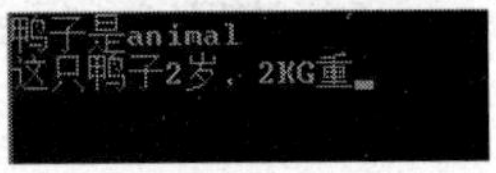

可以看到，本例中Animal类中定义了3个字段，其中type是静态成员，age和weight是非静态成员，因此在访问type时，用类名Animal进行引用，而在访问age和weight时，用对象名Duck进行引用。同学们也可调换一下引用前导，分析输出结果的差异。

图 4-1　例 4-1 运行结果

说明：

从前面的内容可以了解到：静态成员是属于类所有的，不随对象的改变而产生差异。一个类的所有对象的静态成员的值是一样的，比如同一班级中的同学虽各不相同，但大家的"系别""专业名称""班级名称"等信息都是统一的。非静态成员属于类的对象所有，因此对象不同便会产生差异，比如班级中同学的"姓名""年龄""身高"等信息。

在类定义时，如果是类别中各对象共同的属性，可以定义为静态成员；而随对象变化的有差异的属性则应定义为非静态成员。

3．类及对象使用时的安全保护

在使用类及对象时需要考虑成员的安全性。前面介绍的成员访问修饰符可以起到一定的防护效果，另外，也可以通过创建属性来保证成员类外访问的安全性。

1）通过设定访问修饰符对成员进行安全保护

众多成员访问修饰符中最常用的是public和private。如果在成员定义时没有设定访问修饰符，系统将默认该成员的访问修饰符为private。下面介绍public和private在访问权限上的差异。

public：允许类的内部或外界直接访问。

private：不允许外界访问，也不允许派生类访问，即只能在类的内部访问。

访问修饰符为private，则表示在类的外部是无法访问相应成员的，无法访问就意味着无法对其进行修改，这样就可以有效地保护成员。但任何事都有两面性，保护到位固然好，然而有时也会造成成员访问上的不便。下面举例说明。

【例4-2】 private访问修饰符造成访问遇阻的情况。

```
public class Animal
{
    private static string type="animal";
    private byte age=2;
    private float weight=2;
}
class Program
{
    static void Main(string[] args)
```

```
    {
        Animal Duck=new Animal();
        Console.WriteLine("鸭子是"+Animal.type);          //程序报错
        Console.Write("这只鸭子{0}岁", Duck.age);           //程序报错
        Console.ReadKey();
    }
}
```

运行该程序，提示图4-2所示的错误。

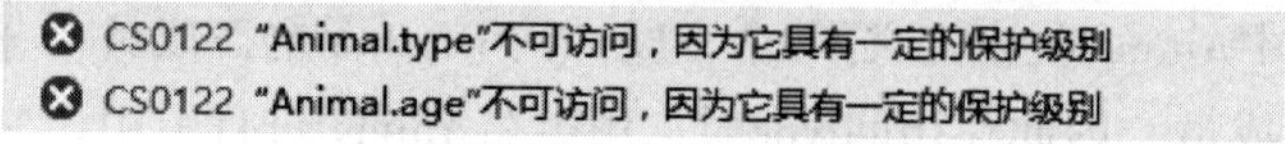

> ❌ CS0122 "Animal.type"不可访问，因为它具有一定的保护级别
> ❌ CS0122 "Animal.age"不可访问，因为它具有一定的保护级别

图4-2 例4-2错误提示

错误原因：Animal类中的几个字段成员均被声明为private，因此在Program类中无法直接访问它们，因为没有权限。

那么，如何在保障成员安全的前提下又能在类外访问到它们呢？

2）使用属性安全地访问私有成员

属性与字段成员类似，它们都提供数据存储，但属性的功能远比字段成员强大。属性可以借助两个访问器（get和set访问器）访问字段成员。为了能够在类的外部安全地访问私有成员，通常进行如下设置：

```
private string name;
public string Name
{
    get { return  name;  }
    set { name=value;  }
}
```

上面的代码中，字段成员name声明为private，提高了其安全等级；之后的Name就是属性，它通过get和set访问器可以访问字段name。Name属性声明为public，所以在其他类中是可以访问的。这就表示，可以在外部类中通过属性安全地访问类中的字段成员。

注意：

（1）get访问器负责读取对应字段的值，set访问器负责将外界的赋值写入字段，其中参数value是隐含的，无须定义。

（2）属性与字段一一对应，对应字段在类中必须已定义，一个属性只能用于访问一个字段。

（3）使用时，字段声明为private，对应属性设置为public。

（4）属性名通常与访问字段的名称相近，便于辨识。

（5）属性前的类型声明一定要与对应访问字段的类型声明一致。

属性定义可以包含get和set两个访问器的定义，也可以只包含其中一个。根据get和set访问器的存在与否，属性按下面特征进行分类：

（1）既包括get访问器也包括set访问器的属性称为读/写属性。

（2）只包括get访问器的属性称为只读属性。

（3）只包括set访问器的属性称为只写属性。

下面举例说明属性的使用。

【例4-3】通过属性访问类中的私有字段成员。

```
public class Animal
{
    private byte age;                //字段age
    private float weight;            //字段weight
    public byte Age                  //属性Age，用于访问字段age
    { get { return age; }
      set { age=value; }
    }
    public float Weight              //属性Weight，用于访问字段weight
    {
        get { return weight ; }
        set { weight=value; }
    }
}
class Program
{
    static void Main(string[] args)
    {
        Animal Duck=new Animal();
        Duck.Age=2;                  //通过属性中的set访问器将值2写入字段age
        Duck.Weight=2;               //通过属性中的set访问器将值2写入字段weight
        Console.Write("这只鸭子{0}岁，重量为{1}KG", Duck.Age ,Duck .Weight );
        //上面语句通过属性中的get访问器读取字段age和weight的值进行输出
        Console.ReadKey();
    }
}
```

程序运行结果如图4-3所示。

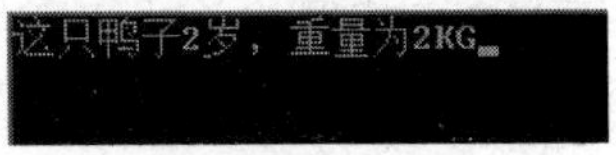

属性除可以实现只写或只读以外，还可以对用户指定的值（value）进行有效性检查，从而保证只有正确的状态才会得到设置，而这是字段无法实现的。

这只鸭子2岁，重量为2KG

图4-3　例4-3运行结果

【例4-4】属性中添加有效性检查。

```
public class Animal
{
    private int  age;                       //字段age
    public int  Age                         //属性Age，用于访问字段age
    {
        get { return age; }
        set { age=value>0?value:0; }        //添加判定，防止负值写入
    }
}
class Program
{
    static void Main(string[] args)
```

```
    {
        Animal Duck=new Animal();
        Duck.Age=-3;
        Console.Write("这只鸭子{0}岁", Duck.Age);
        Console.ReadKey();
    }
}
```

程序运行结果如图4-4所示。

图 4-4　例 4-4 运行结果

注意：

实际使用中，也可以有更简略的属性定义格式。如下所示：

```
public  string  A { get;  set; }
```

上面的代码编译后的IL（中间语言），会自动生成如下代码：

```
private  string  _a;
public  string  A
{
    get{return  _a;}
    set{_a=value;}
}
```

任务实施

1. 任务要求

根据物业管理实际需求创建建筑物（Building）类，并创建一个实例对象B1。输入该栋楼的基本信息，之后输出查看。

2. 任务分析

任务最重要的是设计建筑物类（Building）的基本结构。经过实际调研，物业公司希望记录以下与楼宇房屋相关的信息：门牌栋号、户型、房子用于出租还是销售、产权证号、房屋面积、物业费缴纳数额。对应这些信息，设计建筑物类（Building）的结构如表4-1所示。

表 4-1　建筑物类（Building）内部结构

字　　段	类　　型	说　　明
Mph	string	门牌号（如门面房门牌号以 'M' 开头）
Hx	string	户型
Mj	double	面积
Lx	string	类型（出租或销售）
Cqh	string	产权号
Wyf	double	物业费

3. 实现步骤

（1）新建一个控制台应用程序项目，命名为wygl。（之前单元中已详细介绍过项目创建过程，在此不再赘述。）

（2）编写代码，根据预先的设计，定义建筑物类。

为了数据的安全性，使用属性进行数据访问；为了更高效地进行代码编写，将使用前面应用拓展中的属性定义格式，代码如下：

```
class Building
{
    public string Mph { get; set; }
    public string Hx { get; set; }
    public double Mj { get; set; }
    public string Lx { get; set; }
    public string Cqh { get; set; }
    public double Wyf { get; set; }
}
```

（3）使用Building类实例化一个对象B1，写入一栋楼宇的信息，并输出查看。

完整代码如下：

```
namespace Wygl
{
    class Building
    {
        public string Mph { get; set; }
        public string Hx { get; set; }
        public double Mj { get; set; }
        public string Lx { get; set; }
        public string Cqh { get; set; }
        public double Wyf { get; set; }
    }

    class Program
    {
        static void Main(string[] args)
        {
            Building B1=new Building();
            B1.Mph="7号楼";
            B1.Hx="A+B+C+E";
            B1.Mj=456.73;
            B1.Lx="出租";
            B1.Cqh="938577363";
            Console.WriteLine("\t\t  楼宇信息");
            Console.WriteLine("_____");
            Console.WriteLine("门牌号          户型          面积");
            Console.WriteLine("{0,-14}{1,-16}{2,-14}\n",B1.Mph,B1.Hx,B1.Mj );
            Console.WriteLine("类型            产权号        物业费");
            Console.WriteLine("{0,-14}{1,-16}{2,-14}", B1.Lx,B1.Cqh,B1.Wyf );
            Console.WriteLine("_____");
            Console.ReadKey();
        }
    }
}
```

说明：

（1）Building类声明时前面没有加修饰符，这种情况下，系统将默认该类修饰关键字为

internal。而类的成员在声明时如果没有加修饰符，系统默认该成员的访问修饰符为private。

（2）类中Wyf成员并未赋值，但输出时还是显示结果0。这是因为实例化对象后，如果没有给成员变量赋初始值，C#编译器默认将每个成员变量初始化为其默认值。例如：

① 对于整型、浮点型、枚举类型（数值型），默认值为0或0.0。

② 字符类型的默认值为/x0000。

③ 布尔类型的默认值为false。

④ 引用类型的默认值为null。

延伸阅读

对象的实例化语句格式为：

```
类名    对象名=new 类名（）；
```

例如：

```
Animal Duck = new Animal();
```

读者是否对new关键字后面的部分感到疑惑，"类名（）"是函数吗？这就是一个函数，但从它的使用形式可以看出它很特殊，它是类中的方法成员之一 ——构造函数，它还有个"兄弟"叫析构函数。

一、构造函数与析构函数

构造函数和析构函数属于类中方法成员的范畴，即它们能完成对类中数据的一些操作功能。它们相较于其他方法成员是比较特殊的。

1. 构造函数

构造函数是当类实例化时首先执行的函数，起到为对象赋初值的作用。

每个类中都有一个构造函数，如果用户在定义类时没有构造函数也可以，系统会在编译时自动创建一个构造函数。如果声明了构造函数，系统就不再提供默认的构造函数了。

如果是系统提供的默认构造函数，在确认时，系统将各数据成员初始化为对应类型的默认值。如数值类型被初始化为0，字符类型被初始化为空格，字符串类型被初始化为null，逻辑类型被初始化为false等。

如果在创建对象时，想自主为数据成员赋初值，则需要专门声明构造函数。

1）构造函数声明格式

构造函数的类型修饰符是public，因为构造函数主要是在类外创建对象时自动调用；构造函数不允许有返回类型（void也不可用）；构造函数的名称必须与类名相同。

```
class 类名
{
    public   类名（ ）
    {
        //构造函数体
    }
}
```

上面代码中框体内定义的就是构造函数，在函数体内为数据成员赋初值即可。下面举例说明。

【例4-5】不带参数构造函数的使用。

```
public class Animal
{
    private int legs;                        //字段legs
    private byte age;                        //字段age
    private float weight;                    //字段weight
    public Animal ( )                        //构造函数
    {
        age=2;                               //通过形参为字段成员赋值
        legs=2;
        weight=2.5;
    }
}
class Program
{
    static void Main(string[] args)
    {
        Animal Duck=new Animal( );           //调用构造函数
        Console.WriteLine("鸭子有"+Duck.Legs.ToString()+"条腿");
        Console.Write("这只鸭子{0}岁,重量为{1}KG.", Duck.Age,Duck .Weight  );
        Console.ReadKey();
    }
}
```

程序运行结果如图4-5所示。

此外，也可以为构造函数添加参数，用于在对象创建时给数据
成员赋值。例如，创建一个鸭子对象，鸭子有两条腿，这是众所周
知的，但鸭子的出栏时间、重量等得看到实物时才能得知相关数
据，这时声明一个带参数的构造函数就能解决问题。

鸭子有2条腿
这只鸭子2岁,重量为2.5KG.

图4-5　例4-5运行结果

【例4-6】带参数构造函数的使用。

```
public class Animal
{
    private int legs=2;                      //字段legs
    public int Legs                          //只读属性Legs
    { get { return legs; } }
    private byte age;                        //字段age
    public byte Age                          //只读属性Age
    { get { return age; } }
    private float weight;                    //字段weight
    public float Weight                      //只读属性Weight
    { get { return weight ; } }
    public Animal (byte a,float w)           //构造函数
    {
        age=a;                               //通过形参为字段成员赋值
        weight=w;
    }
}
```

```
class Program
{
    static void Main(string[] args)
    {
        Animal Duck=new Animal(2,2.5f);                //调用构造函数
        Console.WriteLine("鸭子有"+Duck.Legs.ToString()+"条腿");
        Console.Write("这只鸭子{0}岁,重量为{1}KG.", Duck.Age,Duck .Weight  );
        Console.ReadKey();
    }
}
```

程序运行结果如图4-6所示。

2）构造函数的重载

重载：一个类中的若干个方法虽然同名，但是参数表不同，执行

效果有差异，则称这种情况为方法重载。

图 4-6　例 4-6 运行结果

C#中允许一个类可以有多个构造函数，可根据其参数个数的不同或参数类型的不同来区分它们，这就是构造函数的重载。下面举例说明。

【例4-7】构造函数的重载。

```
class GouZao
{
    public int count;
    public GouZao()                         //构造函数1
    {
        count=-1;
    }
    public GouZao (int n)                   //构造函数2
    {
        count=n;
    }
}
class Program
{
    static void Main(string[] args)
    {
        GouZao  a=new GouZao();             //调用构造函数1初始化对象a
        Console.WriteLine("count={0}", a.count);
        GouZao  b=new GouZao (5);           //调用构造函数2初始化对象b
        Console.WriteLine("count={0}", b.count);
        Console.ReadKey();
    }
}
```

程序运行结果如图4-7所示。

说明：在本例中，类中定义了两个构造函数，一个给count成员赋值

为-1，一个在对象创建时从外部为count成员赋值，可以看到两个构造函

图 4-7　例 4-7 运行结果

数在参数部分有差异，系统在对象创建时也会依据这个差异选择对应的构造函数初始化对象。

3）构造函数的特性

构造函数是在创建相应类的对象时执行的类的方法成员，使用时要注意构造函数的特性：

（1）构造函数的名称必须与类的名称相同。

（2）构造函数虽然是一个函数，但没有任何类型，既没有返回值也不能被声明为void型。

（3）当类的对象创建时，构造函数会被系统自动执行，不能像其他函数那样进行调用。

（4）构造函数不能被继承。

（5）一个类可以有多个构造函数，但所有构造函数的名称必须相同，它们的参数各不相同，即构造函数可以重载。

（6）当对象在创建时，调用哪个构造函数取决于传递给它的参数类型。

2．析构函数

析构函数也是类的特殊成员函数，它主要用于释放类实例，或者说它负责对象的销毁。没有特殊要求时，析构函数一般不用自行声明，系统会提供默认的析构函数。所以这里不对析构函数的声明格式进行详细介绍。

当撤销对象时，自动调用析构函数；析构函数不能被继承，也不能被重载。

二、自定义方法

系统自带的方法不一定能满足功能设计的需要，这时用户可以自己定义方法并调用，下面学习自定义方法的使用流程。

1．方法的定义

声明方法最常用的语法格式为：

访问修饰符　　返回类型　　方法名(参数列表)　　{ 　　 }

（1）方法的访问修饰符的选用同类中的成员访问修饰符，根据该方法在类定义外部的访问情况进行设定。

（2）方法的返回类型取决于该方法返回值的类型，可以是任何值类型或引用类型数据。如果方法并不返回一个值，则它的返回类型为void。

（3）方法名必须是一个合法的C#标识符。

（4）参数列表在一对圆括号中，指定调用该方法时需要使用的参数个数、各参数的类型。其中，参数可以是任何类型的变量，参数之间用逗号进行分隔。如果方法在调用时不需要参数，则也可不指定参数，括号内为空，但圆括号不可以省略，那是方法的重要标志。

（5）实现方法所设定功能的程序代码段放在最后的一对大括号中，称为"方法体"。"{"表示方法体开始，"}"表示方法体结束。如果方法是有返回值的，则方法体中需要包含一条return语句，以指定返回值，该值可以是变量、常量、表达式，其类型必须与前面定义的方法返回类型保持一致。当然，如果方法是无返回值的，那么方法体中可以不包含return语句，或者是包含一个不指定任何值的return语句。

总结一下，方法可以理解为一个具有相应数据处理功能的盒子，用户将要处理的数据送进去（即参数），方法处理完毕后将结果送出给用户（即返回值）。方法与参数、返回值的关系如图4-8所示。

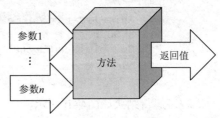

图4-8　方法与参数、返回值的关系图示

2. 方法的调用

方法定义后只有被调用才能真正实现它的价值。按照方法被调用的位置可将方法分为：在声明了方法的类中调用、在声明方法的类外部调用。调用语句格式上也会有所区别。

1）在声明了方法的类中调用

格式为：

```
方法名(参数列表)
```

【例4-8】 方法的类中调用。

```csharp
class Program
{
    public static void Sounds()
    {
        Console.WriteLine("动物会发出叫声!");
    }
    static void Main(string[] args)
    {
        Sounds();
        Console.ReadKey();
    }
}
```

程序运行结果如图4-9所示。

2）在声明了方法的类外部调用

格式为：

```
对象名.方法名(参数列表)
```

图 4-9　例 4-8 运行结果

【例4-9】 方法的类外调用。

```csharp
class Animal
{
    public void Sounds()
    {
        Console.WriteLine("动物会发出叫声!");
    }
}
class Program
{
    static void Main(string[] args)
    {
        Animal a=new Animal();
        a.Sounds();
        Console.ReadKey();
    }
}
```

程序运行结果如图4-10所示。

3. 方法参数传递

在方法的声明和调用中，都涉及方法参数，在方法声明中使用的

图 4-10　例 4-9 运行结果

参数称为形式参数（简称形参），在方法调用中使用的参数称为实际参数（简称实参）。方法调用中外界数据的传入就是通过形参和实参的相互配合实现的。

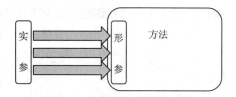

图 4-11　形参与实参的数据传递图示

形参和实参位于这条传输线路的两端，实参负责发送数据，形参负责接收数据，通过这条单线传输将数据传入方法中。形参与实参的数据传递如图4-11所示。

方法中参数传递模式按照传递的内容区分为按值传递和按引用传递。

1）按值传递

参数按值传递是指把实参的值复制给形参，实参和形参变量有各自的存储空间，所以这种参数传递方式的特点是：形参的值在方法内发生变化时，并不会影响外部实参的值，从而保证了实参数据的安全。

基本类型（包括string和object型）的参数在传递时默认为按值传递。

【例4-10】参数按值传递。

```
class Test
{
    public void Swap(int x, int y)        //Swap方法用于交换两数的值
    {
        int k;
        k=x;
        x=y;
        y=k;
    }
    static void Main()
    {
        int a=8, b=68;
        Console.WriteLine(" a={0}, b={1}", a, b);
        Test sw=new Test();
        sw.Swap(a, b);
        Console.WriteLine(" 执行Swap后 , a={0}, b={1}", a, b);
        Console.ReadKey();
    }
}
```

程序运行结果如图4-12所示。

由例4-10可以看出，形参在方法内被交换，但外部的实参仍然保持原值不变。

图 4-12　例 4-10 运行结果

2）按引用类型传递

方法通过return语句只能返回一个值，这显然无法满足程序设计需要。如果用户想从方法中获得更多的结果，可以使用按引用传递参数，将实参的引用传递给形参，实参和形参共用一个存储空间。这种参数传递方式的特点是，当形参的值发生变化时，实参的值也同步发生改变。

引用传递方式共有三种参数实现方式：ref引用型参数、out输出型参数、params数组型参数。

（1）ref引用型参数。以ref关键字声明的参数属于引用型参数。在调用方法前，引用型实参必

须已经初始化，且在调用方法时，实参前也对应添加ref关键字。

【例4-11】ref引用型参数使用。

```
class Test
{
    public void Swap(ref int x, ref int y)
    {
        int k;
        k=x;
        x=y;
        y=k;
    }
    static void Main()
    {
        int a=8, b=68;
        Console.WriteLine(" a={0}, b={1}", a, b);
        Test sw=new Test();
        sw.Swap(ref a, ref b);
        Console.WriteLine(" 执行完Swap后 ，a={0}, b={1}", a, b);
        Console.ReadKey();
    }
}
```

程序运行结果如图4-13所示。

由例4-11可以看出，引用型参数传递时，形参变，实参会跟着变。

```
a=8，b=68
执行完Swap后 ，a=68，b=8
```

图4-13　例4-11运行结果

（2）out输出型参数。以out关键字声明的参数属于引用型参数。它的具体使用原理与ref引用型参数类似，不同的是，在调用方法前，引用型实参未初始化。

所以可以理解为，实参初始为空，等形参变化后，获取形参的值带出方法，这也是它名为"输出"型参数的由来。在调用方法时，实参前对应添加out关键字。

【例4-12】out输出型参数使用。

```
class Test
{
    public void Swap(out int x, out int y)
    {
        x=8;
        y=68;
    }
    static void Main()
    {
        int a,b;
        Console.WriteLine(" a、b初始未赋值");
        Test sw=new Test();
        sw.Swap(out a, out b);
        Console.WriteLine(" 执行完Swap后 ，a={0}, b={1}", a, b);
        Console.ReadKey();
    }
}
```

程序运行结果如图4-14所示。

由例4-12可以看出，输出型参数传递时，实参可通过形参在方法内的变化带出更多结果。

图 4-14　例 4-12 运行结果

（3）params数组型参数。以params关键字声明的参数属于数组型参数，又称可变参数。该类参数中的形参需定义为一个某种类型的数组，实参列表中与形参参数数组类型一样的元素都被当作数组中的元素传递给形参。该类参数实参的数量是不固定的，可变的。

使用时值得注意的一点是：参数列表中只能出现一个数组型参数（唯一性），并且必须位于参数列表的最后一个。

【例4-13】params数组型参数使用。

```csharp
class Program
{
    public static void DisplayItems(string m,params int[] p)
    {
        Console.WriteLine();
        Console.Write(m);
        for (int i=0; i<p.Length; i++)
        {
            Console.Write("\t"+p[i] );
        }
        Console.WriteLine();
    }
    public static void Main()
    {
        DisplayItems(" 单数做参数:",1, 2, 3);          //传递若干单个数值
        int[] anArray=new int[5] { 100, 200, 300, 400, 500 };//传递一个数组
        DisplayItems(" 数组做参数:",anArray);
        Console.ReadKey();
    }
}
```

程序运行结果如图4-15所示。

由例4-13可以看出，无论实参数据个数是多还是少，形参数组都可接收。

图 4-15　例 4-13 运行结果

任务 2　创建住宅、商铺类

任务导入

前面创建了建筑物类，但这个分类太笼统不够细致。为了满足物业管理的需要，根据房屋是商品房还是门面房，需要继续细化出住宅类及商铺类，不同种类的房产有共同的数据项，也有数据管理上的差异；它们又都与建筑物类有着很多联系。如何高效地完成两个类的创建是下面要解决的问题。

知识技能准备

一、类的继承

继承是面向对象技术能够提高软件开发效率的重要原因之一，也是面向对象编程的重要特性。它允许在既有类的基础上创建新类，新类从既有类中继承类成员，而且可以重新定义或加进新的成员，从而形成类的层次或等级。一般称被继承的类为基类或父类，而继承后产生的类为派生类或子类。继承还具有传递性。

类之间继承关系的存在，对于在实际系统的开发中迅速建立原型，提高系统可重用性和可扩充性，具有十分重要的意义。

二、声明子类

在.NET类库中，绝大部分类可以作为父类产生子类。子类的声明格式如下：

```
[类修饰符]  class  类名 : 父类
{
    //类体
}
```

在类声明中，通过在类名后面加上冒号和父类名称表示继承。即冒号左侧的是子类，冒号右侧的是父类。

举例说明如下：

```
public class A
{
    public A() { }
}
public class B : A
{
    public B() { }
}
```

上面定义了两个类A和B，通过它们的定义形式可以看出，A是父类，B是由A派生出的子类，B可以继承A。

注意：C#只支持类的单继承，即每个子类只能有一个父类，使用时须注意。

三、继承的实际应用

父类派生出子类后，子类可以从父类中继承字段、属性、方法等成员，除了构造函数和析构函数，子类几乎可以直接继承父类的所有成员。因此，子类中与父类相同的成员无须重新定义也可以直接使用。

【例4-14】子类继承父类成员。

```
public class Animal                        //父类Animal
{
```

```
    public int Legs                    //属性Legs
    { get; set; }
    public void Voice()
    { Console.WriteLine("动物都会叫！"); }
}
public class Duck:Animal               //子类Duck
{    }
public class Cat: Animal               //子类Cat
{    }

class Program
{
    static void Main(string[] args)
    {
        Duck  d=new Duck ();
        d.Legs=2;                      //继承自父类Animal
        Console.WriteLine("鸭子{0}条腿",d.Legs );
        d.Voice();                     //继承自父类Animal
        Cat c=new Cat();
        c.Legs=4;                      //继承自父类Animal
        Console.WriteLine ("小猫{0}条腿", c.Legs);
        c.Voice();                     //继承自父类Animal
        Console.ReadKey();
    }
}
```

程序运行结果如图4-16所示。

例4-14中从父类Animal中派生出了两个子类Duck和Cat，它们直接继承了父类中的Legs属性和Voice方法，无须定义直接使用。

图4-16　例4-14运行结果

子类中如果声明了与父类同名的成员，则父类的同名成员将被屏蔽，使得子类不能直接访问该同名的父类成员。

【例4-15】父类中的同名成员被屏蔽。

```
public class Animal                    //父类Animal
{
    public int Legs                    //属性Legs
    { get; set; }
    public void Voice()
    { Console.WriteLine("动物都会叫！"); }
}
public class Duck : Animal             //子类Duck
{
    public void Voice()                //与父类方法成员同名
    { Console.WriteLine("鸭子嘎嘎叫！"); }
}
public class Cat : Animal              //子类Cat
{
    public void Voice()                //与父类方法成员同名
    { Console.WriteLine("小猫喵喵叫！"); }
}
```

```
class Program
{
    static void Main(string[] args)
    {
        Duck d=new Duck();
        d.Legs=2;                    //继承自父类Animal
        Console.WriteLine("鸭子{0}条腿", d.Legs);
        d.Voice();
        Cat c=new Cat();
        c.Legs=4;                    //继承自父类Animal
        Console.WriteLine("小猫{0}条腿", c.Legs);
        c.Voice();
        Console.ReadKey();
    }
}
```

程序运行结果如图4-17所示。

与例4-14不同，例4-15中两个子类内部均定义了与父类同名的方法成员Voice，通过程序运行结果可以看出当子类对象调用方法成员Voice时，父类的同名方法被屏蔽，最终执行的都是子类自己定义的Voice方法。

图 4-17　例 4-15 运行结果

一、父类构造函数在子类中的调用

通过前面的学习，已经知道对象创建时会自动调用构造函数，为对象分配内存并初始化对象的数据。子类对象在创建时，同样需要调用构造函数。但由于子类不能继承父类的构造函数，因此子类中从父类中继承来的字段成员就无法通过子类构造函数进行初始化，这也就意味着在子类对象创建时，不仅要调用子类构造函数，还要调用父类构造函数。

因此，在创建子类对象时，系统会先调用其父类构造函数，再调用子类的构造函数，以完成为数据成员分配内存空间并进行初始化工作。

如果父类中专门定义了带参数的构造函数，那么子类对象创建时，调用父类构造函数，并同时必须向父类构造函数传递相应参数。其格式如下：

```
public   子类构造函数名(形参列表):base(向基类构造函数传递的实参列表) { }
```

其中，base是关键字，表示调用父类的有参构造函数。在使用时，与前面的子类构造函数间要加入"："进行间隔。

【例4-16】父类构造函数在子类中的调用。

```
public class Animal                     //父类Animal
{
    private int legs;                   //父类只读字段
    public int Legs
    {
        get { return legs; }
```

```
    }
    public Animal (int n)              //父类构造函数
    {
        legs=n;
    }
}
public class Duck : Animal            //子类Duck
{
    private int age;                  //子类只读字段
    public int Age
    {
        get { return age; }
    }
    public Duck (int m) : base(2)     //子类构造函数，后面base关键字调用父类构造函数，
    {                                 //并传入参数
        age=m;
    }
}
class Program
{
    static void Main(string[] args)
    {
        Duck d=new Duck(2);
        Console.WriteLine("鸭子{0}条腿,这只鸭子已经{1}岁了。", d.Legs,d.Age );
        Console.ReadKey();
    }
}
```

程序运行结果如图4-18所示。

鸭子2条腿,这只鸭子已经2岁了。

二、面向对象中的多态特性

图4-18　例4-16运行结果

通过前面小节的学习，已经了解了面向对象程序设计的特性：封装、继承。下面学习面向对象程序设计的第三个重要特性——多态。

1. 多态的概念

多态，顾名思义就是多种形态。在面向对象程序设计中，是通过继承实现的，不同对象调用相同的方法，表现出不同的行为，称为多态。就比如说同是春运期间买火车票，不同的对象买票的制度也不同，如普通乘客买全票、在校学生可买半价票等。

前面在类的继承中，C#允许在父类和子类中声明同名的方法，而同名的方法由不同的代码实现。也就是说，在父类和子类的相同功能（如例4-15中的Voice方法）的方法中可以有不同的具体表现，从而为解决同一个问题提供多种途径。

2. 继承中多态的实现

在C#中可以通过多种途径实现多态性，主要包括虚方法、抽象类、抽象方法。这些类和方法在声明时会用到特定关键字，为了加深印象，下面就以这些关键字为引导来讲解多态的具体实现。

1）virtual-override实现多态

通过实例说明如下：

【例4-17】虚方法定义及使用。

```
public class Animal                          //父类Animal
{
    public virtual void Voice()              //虚方法
    { Console.WriteLine("动物都会叫！"); }
}
public class Duck : Animal                   //子类Duck
{
    public override void Voice()             //重写父类方法
    { Console.WriteLine("鸭子嘎嘎叫！"); }
}
public class Cat : Animal                    //子类Cat
{
    public override void Voice()             //重写父类方法
    { Console.WriteLine("小猫喵喵叫！"); }
}
class Program
{
    static void Main(string[] args)
    {
        Duck d=new Duck();
        Cat c=new Cat();
        d.Voice();
        c.Voice();
        Console.ReadKey();
    }
}
```

程序运行结果如图4-19所示。

在例4-17中，父类Animal内使用virtual关键字定义了一个虚方法。

图 4-19　例 4-17 运行结果

父类中定义虚方法就表示允许该方法在其派生出的子类中被修改定义，即重写。

与父类相呼应，子类对父类的虚方法进行重写时，方法名前添加override关键字。例如，例4-17中，父类Animal派生出的子类Duck和Cat，都使用override关键字声明重写了Voice方法，而使得它们产生与父类不同的调用效果。

注意：

（1）父类中虚方法声明时使用virtual关键字，子类重写方法声明时使用override关键字，缺一不可！反过来，如果对一个类中一个方法用override修饰声明，该类必须从父类中继承一个对应的用virtual修饰的虚拟方法，否则编译器将报错。

（2）子类继续向下派生的子类，依然可以对父类的父类中的虚方法进行重写。

2）abstract-override实现多态

用abstract修饰声明的方法称为抽象方法。抽象方法只是对方法进行了声明，而没有定义方法实现。

如果一个类包含了抽象方法，那么该类也必须用abstract声明为抽象类。一个抽象类是不能被实例化的，即无法由该类生成实例对象。就比如，龙只存在于人们的想象中，在现实世界中是无法找到实体的。抽象类本身虽然似乎并无实际用处，但可以作为其他类的父类。

对于类中的抽象方法，可以在其派生出的子类中用override进行重写，如果不重写，其子类也要被声明为抽象类。或者从另一个角度来说，某个类的父类是抽象类，且内有抽象方法，那么在该类中就必须重写父类的抽象方法。

抽象方法声明时一般无须定义函数体，原因在于抽象类本身是一种抽象概念，其中的方法并不需要具体实现，而是留下来让派生出的子类完成具体实现。

下面通过实例进行说明。

【例4-18】抽象类抽象方法的重写

```
public abstract class Animal            //抽象父类Animal
{
    public abstract void Voice();       //无函数体的抽象方法
}
public class Duck : Animal              //子类Duck
{
    public override void Voice()        //具体实现父类中的抽象方法
    { Console.WriteLine("鸭子嘎嘎叫！"); }
}
public class Cat : Animal               //子类Cat
{
    public override void Voice()        //具体实现父类中的抽象方法
    { Console.WriteLine("小猫喵喵叫！"); }
}
class Program
{
    static void Main(string[] args)
    {
        Duck d=new Duck();
        Cat c=new Cat();
        d.Voice();
        c.Voice();
        Console.ReadKey();
    }
}
```

程序运行结果如图4-20所示。

```
鸭子嘎嘎叫！
小猫喵喵叫！
```

图 4-20　例 4-18 运行结果

任务实施

1. 任务要求

根据物业管理实际需求，房产根据用途分为住宅和门面房两大类，需要分开管理。据此系统中需要创建住宅（House）类和商铺（Shop）类，并创建对应的两个实例对象H1、S1。输入它们的相关信息之后输出结果。

2. 任务分析

本任务主要是设计住宅（House）类和商铺（Shop）类的基本结构。

经过实际调研发现，住宅（House）类和商铺（Shop）类除了记录建筑物（Building）类相关信息外，还需针对性地记录户主和店主的相关信息。针对这样的实际情况，可以将建筑物（Building）类作为二者的父类，同时差异化地设计住宅（House）类和商铺（Shop）类的结构如表4-2和表4-3所示。

表4-2　住宅类（House）内部结构

字　段	类　型	说　明
Hzsfz	string	户主身份证号码
Hzxm	string	户主姓名
hzXb	string	户主性别
hzDh	string	联系电话
Czrk	int	常住人口数
wyf	double	物业管理费，住宅 1 元 / 平方米

表4-3　商铺类（Shop）内部结构

字　段	类　型	说　明
Czrxm	string	承租人姓名
Czrdh	string	承租人联系电话
syrxm	string	所有人姓名
syrdh	string	所有人联系电话
wyf	double	物业管理费，门面房 0.8 元 / 平方米

3. 实现步骤

（1）打开上一任务所创建的项目wygl。

（2）修改代码，根据预先的设计，修改建筑物类。

说明：将其修改为抽象类，将Wyf字段成员修改为抽象方法（该方法将在子类中实际定义物业费计算方法）。代码如下：

```
public abstract class Building
{
    public string Mph { get; set; }
    public string Hx { get; set; }
    public double Mj { get; set; }
    public string Lx { get; set; }
    public string Cqh { get; set; }
    public abstract double Wyf();
}
```

（3）编写代码，根据预先的设计，创建住宅类。代码如下。

```
public class House : Building          //定义住宅类，继承Building（楼盘类）
{
    public string HzSfz { get; set; }
    public string HzXm { get; set; }
    public string HzXb { get; set; }
    public string HzDh { get; set; }
    public int Czrk { get; set; }
```

```
    public House  (string a, string b, string  c, string d, int e):base ("7
号楼","A",110,"销售", "938577363")
    {
        HzSfz=a;HzXm=b;HzXb=c;HzDh=d;Czrk=e;
    }
    public override double Wyf()          //具体实现父类中的抽象方法（物业费计算）
    {
        return 1 * Mj;                    //住宅物业费每平方米1元，Mj继承自父类
    }
}
```

（4）编写代码，根据预先的设计，创建商铺类。代码如下：

```
public class Shop : Building//定义商铺类，继承Building（楼盘类）
{
    public string Czrxm { get; set; }
    public string Czrdh { get; set; }
    public string Syrxm { get; set; }
    public string Syrdh { get; set; }
    public Shop (string a, string b, string c, string d):base ("7号楼","B",
210,"出租", "938577349")
    {
        Czrxm=a; Czrdh=b; Syrxm=c; Syrdh=d;
    }
    public override double Wyf()          //具体实现父类中的抽象方法（物业费计算）
    {
        return 0.8*Mj;                    //商铺物业费每平方米0.8元
    }
}
```

（5）编写代码，创建实例对象：住宅商品房H1、商铺门面S1，输入相关数据并输出显示。程序完整代码如下：

```
namespace 任务4_2
{
    public abstract class Building
    {
        public string Mph { get; set; }
        public string Hx { get; set; }
        public double Mj { get; set; }
        public string Lx { get; set; }
        public string Cqh { get; set; }
        public Building (string a,string b,double c,string d,string e)
        {
            Mph=a;Hx=b;Mj=c;Lx=d;Cqh=e;
        }
        public abstract double Wyf();
    }
    public class House : Building          //定义住宅类，继承Building（楼盘类）
    {
        public string HzSfz { get; set; }
```

```
        public string HzXm { get; set; }
        public string HzXb { get; set; }
        public string HzDh { get; set; }
        public int Czrk { get; set; }
        public House  (string a, string b, string  c, string d, int e):base ("7
号楼","A",110,"销售", "938577363")
        {
            HzSfz=a;HzXm=b;HzXb=c;HzDh=d;Czrk=e;
        }
        public override double Wyf()    //具体实现父类中的抽象方法（物业费计算）
        {
            return 1*Mj;                //住宅物业费每平方米1元，Mj继承自父类
        }
    }
    public class Shop : Building        //定义商铺类，继承Building（楼盘类）
    {
        public string Czrxm { get; set; }
        public string Czrdh { get; set; }
        public string Syrxm { get; set; }
        public string Syrdh { get; set; }
        public Shop (string a, string b, string c, string d):base ("7号楼",
"B",210,"出租", "938577349")
        {
            Czrxm=a;Czrdh=b;Syrxm=c;Syrdh=d;
        }
        public override double Wyf()    //具体实现父类中的抽象方法（物业费计算）
        {
            return 0.8*Mj;              //商铺物业费每平方米0.8元
        }
    }
    class Program
    {
        static void Main(string[] args)
        {
            House H1=new House("340712198008195412", "刘禅", "男", "18956024531", 4);
            Shop S1=new Shop("刘禅", "18956024531", "王小英", "17705639451");
            Console.WriteLine("\t\t住宅商品房H1信息");
            Console.WriteLine("_____");
            Console.WriteLine("门牌号           户型              面积");
            Console.WriteLine("{0,-14}{1,-16}{2,-14}\n", H1.Mph, H1.Hx, H1.Mj);
            Console.WriteLine("类型             产权号            物业费");
            Console.WriteLine("{0,-14}{1,-16}{2,-14}\n", H1.Lx, H1.Cqh, H1.Wyf());
            Console.WriteLine("户主姓名         户主性别          联系方式");
            Console.WriteLine("{0,-14}{1,-15}{2,-14}", H1.HzXm , H1.HzXb , H1.HzDh );
            Console.WriteLine("_____\n\n");
            Console.WriteLine("\t\t商铺S1信息");
            Console.WriteLine("_____");
            Console.WriteLine("门牌号           户型              面积");
            Console.WriteLine("{0,-14}{1,-16}{2,-14}\n", S1.Mph, S1.Hx,S1.Mj);
            Console.WriteLine("类型             产权号            物业费");
```

```
        Console.WriteLine("{0,-14}{1,-16}{2,-14}\n", S1.Lx, S1.Cqh, S1.Wyf());
        Console.WriteLine("承租人姓名        联系方式");
        Console.WriteLine("{0,-14}{1}\n", S1.Czrxm , S1.Czrdh);
        Console.WriteLine("所有人姓名        联系方式");
        Console.WriteLine("{0,-13}{1}\n", S1.Syrxm , S1.Syrdh );
        Console.WriteLine("_____\n\n");
        Console.ReadKey();
    }
  }
}
```

程序运行效果如图4-21所示。

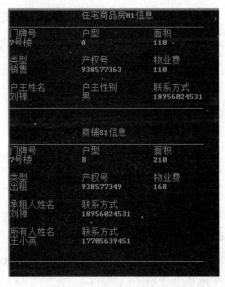

图 4-21　程序运行结果

任务3　创建物业费计算接口

任务导入

前面学习了C#中的继承性和多态性，需要说明的是，C#中的继承只允许单继承，即一个子类只能有一个父类，这在一定程度上保证了类的层级结构简单、清晰明了。

在物业管理系统开发过程中，用户可能会有需求的变动，如数据处理方式的变化等。类封装好后，若要添加操作功能就得重新修改类的定义，若是修改了父类，派生出的子类也需要跟着改动，无形中给开发工作带来难度和额外的时间及成本开销。

这种情况下，可以使用接口。物业费计算是物业管理中的重要操作，前面直接定义在类的内部，下面将其转换成接口实现。

知识技能准备

一、接口的概念

接口是一种用来定义程序的协议，它描述了一组可属于任何类或结构的相关行为。接口可有方法、属性、事件和索引器或这四种成员的任何组合类型，但不能包含字段。

一个接口可以从多个基本接口继承，而一个类或结构也可以实现多个接口。即接口之间允许多继承，一个类可以实现多个接口。因此，某种程度上可以理解为，接口帮助类间接实现了多继承的效果。

二、接口的声明

接口在声明时使用interface关键字。接口不为自己所定义的成员提供具体实现，它只是指定在类中必须被实现的成员。

接口的声明格式如下：

```
[接口修饰符] interface 接口名 [: 父接口名]
{
    接口的成员;
};
```

注意：

（1）接口可以从零或多个接口中继承。与子类定义格式相似，用"："后跟被继承的接口名称。如果是从多个接口中继承时，多个接口名之间用","分隔。

（2）被继承的接口应该是可以访问到的，即不能从private或internal类型的接口继承。

（3）接口不允许直接或间接地从自身继承。

（4）可使用new、public、protected、internal和private等修饰符实现接口，new修饰符是在嵌套接口中唯一被允许存在的修饰符，表示用相同的名称隐藏一个继承的成员。

（5）所有接口成员默认都是公共的，无须再定义。

（6）接口没有构造函数，所以不能直接使用new对接口进行实例化。

接口的声明代码如下：

```
interface IBehavior
{    void Run();    }
interface IEat : IBehavior
{    void eat(string f);   }
interface IShout : IBehavior
{    void Voice();    }
interface DuckBehavior : IEat, IShout
{   }
```

接口名习惯上以大写字母"I"打头。接口IEat和IShout继承接口IBehavior，接口DuckBehavior继承了IEat和IShout两个接口。接口的方法成员没有具体实现，即没有函数体。

三、接口的实现

接口的声明仅仅给出了方法抽象，相当于程序开发早期的一组协议。具体实现接口所规定的功能，则需通过类为接口中的方法成员定义实在的方法体（即执行语句），称为实现这个接口。

当一个类实现一个接口时，这个类就必须实现整个接口，而不能选择实现接口的某一部分。一个接口可以由多个类实现，而在一个类中也可以实现一个或多个接口。一个类可以继承一个父类，并同时实现一个或多个接口。

【例4-19】接口的实现。

```
public interface IBehavior          //接口声明
{ void Run(); }
public class Animal :IBehavior      //类Animal继承接口IBehavior
{
    public int Legs
    { get; set; }
    public void Voice()
    { Console.WriteLine("动物都会叫！"); }
    public void Run()               //实现接口中的方法Run
    {
        Console.WriteLine("动物会跑！");
    }
}
class Program
{
    static void Main(string[] args)
    {
        Animal A1=new Animal();
        A1.Voice();
        A1.Run();
        Console.ReadKey();
    }
}
```

程序运行结果如图4-22所示。

【例4-20】类继承多个接口。

图 4-22　例 4-19 运行结果

```
interface IBehavior
{ void Run(); }
interface IEat : IBehavior
{ void Eat(string f); }
interface IShout : IBehavior
{ void Voice(); }
public class Animal                          //父类Animal
{
    public int Legs                          //属性Legs
    { get; set; }
}
public class Duck : Animal ,IEat ,IShout
                //类Duck继承类Animal，并同时实现接口IEat和IShout
```

```
{
    public void Run()
    { Console.WriteLine("鸭子跑起来左摇右摆"); }
    public void Eat(string f)
    { Console.WriteLine("鸭子喜欢吃" + f); }
    public void Voice()
    { Console.WriteLine("鸭子嘎嘎叫！"); }
}
class Program
{
    static void Main(string[] args)
    {
        Duck D=new Duck();
        D.Legs=2;
        Console.WriteLine("鸭子有{0}条腿", D.Legs);
        D.Run();
        D.Eat("田螺");
        D.Voice();
        Console.ReadKey();
    }
}
```

程序运行结果如图4-23所示。

例4-20中Duck类不仅继承Animal，还实现了接口IEat和IShout，因此在类中必须实现接口IEat中的Eat方法以及接口IShout中的Voice方法。由于接口IEat和IShout都继承了接口IBehavior，因此接口IBehavior中的Run方法在Duck类中也必须实现。

图 4-23　例 4-20 运行结果

任务实施

1. 任务要求

为了方便物业管理系统后期开发及维护，将物业费计算功能从类中独立出来，转换为接口。以上一任务代码为基础进行修改。

2. 实现步骤

（1）打开上一任务所创建的项目wygl。

（2）修改代码，根据预先的设想，增加接口IBuilding。

```
public interface IBuilding
{
    double Wyf();                         //接口成员（实现物业费计算）
}
```

（3）对类Building、House、Shop成员进行相应修改。程序完整代码如下：

```
public interface IBuilding                //声明接口IBuilding
{
    double Wyf();                         //接口成员（实现物业费计算）
}
```

```csharp
public  class Building:IBuilding
{
    public string Mph { get; set; }
    public string Hx { get; set; }
    public double Mj { get; set; }
    public string Lx { get; set; }
    public string Cqh { get; set; }
    public Building(string a, string b, double c, string d, string e)
    {
        Mph=a;Hx=b;Mj=c;Lx=d;Cqh=e;
    }
    public virtual  double Wyf()        //实现接口IBuilding中的方法Wyf
    { return 0; }
}
public class House : Building            //定义住宅类,继承Building(楼盘类)
{
    public string HzSfz { get; set; }
    public string HzXm { get; set; }
    public string HzXb { get; set; }
    public string HzDh { get; set; }
    public int Czrk { get; set; }
    public House(string a, string b, string c, string d, int e) : base("7号
楼", "A", 110, "销售", "938577363")
    {
        HzSfz=a;HzXm=b;HzXb=c;HzDh=d;Czrk=e;
    }
    public override double Wyf()        //具体实现父类中的抽象方法(物业费计算)
    {
        return 1*Mj;                    //住宅物业费每平方米1元,Mj继承自父类
    }
}
public class Shop : Building            //定义商铺类,继承Building(楼盘类)
{
    public string Czrxm { get; set; }
    public string Czrdh { get; set; }
    public string Syrxm { get; set; }
    public string Syrdh { get; set; }
    public Shop(string a, string b, string c, string d) : base("7号楼", "B",
210, "出租", "938577349")
    {
        Czrxm=a;Czrdh=b;Syrxm=c;Syrdh=d;
    }
    public override double Wyf()        //具体实现父类中的抽象方法(物业费计算)
    {
        return 0.8*Mj;                  //商铺物业费每平方米0.8元
    }
}
class Program
{
    static void Main(string[] args)
```

```
    {
        House H1 = new House("3407121980081 95412", "刘禅", "男", "18956024531", 4);
        Shop S1 = new Shop("刘禅", "18956024531", "王小英", "17705639451");
        Console.WriteLine("\t\t住宅商品房H1信息");
        Console.WriteLine("_____");
        Console.WriteLine("门牌号             户型             面积");
        Console.WriteLine("{0,-14}{1,-16}{2,-14}\n", H1.Mph, H1.Hx, H1.Mj);
        Console.WriteLine("类型              产权号            物业费");
        Console.WriteLine("{0,-14}{1,-16}{2,-14}\n", H1.Lx, H1.Cqh, H1.Wyf());
        Console.WriteLine("户主姓名           户主性别          联系方式");
        Console.WriteLine("{0,-14}{1,-15}{2,-14}", H1.HzXm, H1.HzXb, H1.HzDh);
        Console.WriteLine("_____\n\n");
        Console.WriteLine("\t\t商铺S1信息");
        Console.WriteLine("_____");
        Console.WriteLine("门牌号             户型             面积");
        Console.WriteLine("{0,-14}{1,-16}{2,-14}\n", S1.Mph, S1.Hx, S1.Mj);
        Console.WriteLine("类型              产权号            物业费");
        Console.WriteLine("{0,-14}{1,-16}{2,-14}\n", S1.Lx, S1.Cqh, S1.Wyf());
        Console.WriteLine("承租人姓名         联系方式");
        Console.WriteLine("{0,-14}{1}\n", S1.Czrxm, S1.Czrdh);
        Console.WriteLine("所有人姓名         联系方式");
        Console.WriteLine("{0,-13}{1}\n", S1.Syrxm, S1.Syrdh);
        Console.WriteLine("_____\n\n");
        Console.ReadKey();
    }
}
```

程序运行效果与上一任务相同，在此不再展示。

小　结

本章主要介绍了面向对象程序设计的基本语法内容，以及创建物业管理系统中的相关类的操作。在语法部分，重点介绍了面向对象的三大特性——封装、继承、多态在程序中的具体实现，类和对象的创建及使用，如何进行类的派生，如何使用接口间接实现多继承效果。本章内容是面向对象的基础语法，有些概念可能不是很好理解，建议学习时多看章节中的程序实例，在应用中学习并巩固知识。

实　训

实训1：对照章节内容，自主实现任务4-1、任务4-2及任务4-3。

实训2：定义一个学生类（Student），内含"学号""姓名""性别"三个字段，要求使用属性访问字段，创建一个学生实例对象s1，从键盘输入该对象的数据，最后将这些信息在屏幕上打印输出。

实训3：定义一个矩形类（Rectangle），设置该类的字段、属性和构造函数，求周长的计算以及求面积的计算通过外部接口实现，程序运行时，用户输入矩形的长和宽，输出求得的矩形周长和面积值。

习　题

一、填空题

1. 面向对象程序设计的基本单元是_____和对象。

2. 面向对象的基本特性有_____、_____、_____、_____。

3. C#中定义类使用_____关键字。

二、选择题

1. 在C#的Employee类中定义了变量salary。要求该变量只能由该类中的成员访问，则salary变量应使用的访问修饰符是（　　　）。

    A. internal   B. protected   C. public   D. private

2. C#中MyClass为一自定义类，其中有以下方法定义：

```
public void Hello(){…}
```

使用以下语句创建了该类的对象，

```
MyClass obj = new MyClass();
```

并使变量obj引用该对象，那么，访问类MyClass的Hello方法正确的是（　　　）。

    A. obj.Hello();   B. obj::Hello();   C. MyClass.Hello();   D. MyClass::Hello();

3. 分析下列C#语句，注意类MyClass没有访问修饰符：

```
namespace ClassLibrary1 {
    class MyClass  {
        public class subclass { int i; }
    }
}
```

若必须为类MyClass添加访问修饰符，并使MyClass的可访问域保持不变，则应选择（　　　）。

    A. private   B. protected   C. internal   D. public

4. 在定义类时，如果希望类的某个方法能够在派生类中进一步进行改进，以处理不同的派生类的需要，则应将该方法声明成（　　　）方法。

    A. sealed   B. public   C. virtual   D. override

5. 以下类MyClass的属性count属于（　　　）属性。

```
class MyClass {
    int i;
    int count {
        get{ return i;}
    }
}
```

    A. 只读   B. 只写   C. 可读写   D. 不可读不可写

6. 调用重载方法时，系统根据（　　　）选择具体的方法。

    A. 方法名   B. 参数的个数和类型

    C. 参数名及参数个数   D. 方法的返回值类型

7. 下列的（　　　）不是构造函数的特征。

    A. 构造函数的函数名和类名相同　　　　　B. 构造函数可以重载

    C. 构造函数可以带有参数　　　　　　　　D. 可以指定构造函数的返回值

8. 已知类B是由类A继承而来，类A中有一个为M的非虚方法，现在希望在类B中也定义一个名为M的方法，若希望编译时不出现警告信息，则在类B中声明该方法时，应使用（　　　）方法。

    A. static　　　　　　B. new　　　　　　C. override　　　　　D. virtual

9. 下列方法参数类型中（　　　）是C#中不允许使用的。

    A. 值参数　　　　　B. 引用参数　　　　C. 输出参数　　　　D. 指针参数

10. 在C#中，关于继承和接口，以下说法正确的是（　　　）。

    A. C# 允许多接口实现，也允许多重继承

    B. C# 允许多接口实现，但不允许多重继承

    C. C# 不允许多接口实现，但允许多重继承

    D. C# 不允许多接口实现，也不允许多重继承

三、简答题

1. 简述类及对象的区别及联系。

2. 简述面向对象程序设计中类与对象的关系。

3. 面向对象程序设计的特性有哪些？

4. 简述C#中的继承特点。

单元 5
系统窗体界面设计

Windows窗体是用于Microsoft Windows应用程序开发的基于.NET框架的新平台。本单元将向读者介绍Visual Studio .NET开发环境中"职苑物业管理系统"Windows应用程序的用户界面设计。Visual Studio .NET应用程序提供了可视化的设计环境，可以更加简单、高效、快捷地进行Windows应用程序的界面设计。

Windows应用程序的核心是窗体设计器，创建用户交互界面时，将控件从工具箱拖放到窗体上，放在程序运行合适的位置，接着再为该控件添加事件处理程序，实现相应的功能。本单元基于"职苑物业管理系统"应用程序的窗体界面设计，学习如何创建窗体和使用常用的窗体控件，通过人性化设计的窗体界面，实现与用户的交互和沟通。

学习目标

➤ 熟悉Windows窗体的基本概念；
➤ 熟悉常用窗体控件的基本属性、重要方法及事件；
➤ 了解事件驱动机制；
➤ 熟悉窗体调用和交互方法；
➤ 实现"职苑物业管理系统"的用户界面设计。

具体任务

➤ 任务1　用户登录窗体设计
➤ 任务2　用户管理窗体设计
➤ 任务3　楼盘管理窗体设计
➤ 任务4　住宅管理窗体设计
➤ 任务5　物业费管理窗体设计
➤ 任务6　系统主界面设计

任务 1　用户登录窗体设计

任务导入

"职苑物业管理系统"的使用，需要进行用户的登录认证。本任务创建"职苑物业管理系统"应用程序的"用户登录"窗体。在登录窗体中，用户可以通过文本框输入用户名和口令（密码），单击"登录"按钮后，显示登录是否成功；单击"退出"按钮，退出当前应用程序。用户登录窗体界面如图5-1所示。（模拟用户登录功能的实现，假设某一用户的用户名为admin，口令为admin。）

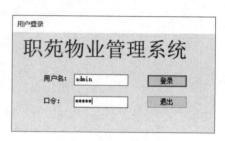

图 5-1　用户登录窗体

知识技能准备

一、窗体介绍

窗体是为Windows操作系统所创建的应用程序用户界面的基本元素，是向用户显示信息的可视化界面，是Windows应用程序的基本单元。窗体实质上是一块空白板，开发人员通过添加控件创建用户界面，并通过编写代码操作数据，从而填充这块白板。窗体也是对象，一个Windows窗体代表了.NET架构里的System.Windows.Forms.Form类的一个实例。窗体类（Form）定义了生成窗体的模板，每实例化一个窗体类，就产生一个Windows窗体，如图5-2所示。开发窗体应用程序的首要步骤是设计窗体的外观和在窗体中添加控件或组件。Visual Studio 2015提供了可视化的Windows窗体设计器，为创建基于Windows的应用程序提供了一种快速的开发解决方案，可以实现所见即所得的设计效果，快速开发窗体应用程序。

图 5-2　普通窗体外观

1. 窗体的成员变量

窗体是对象，可以定义其外观属性、行为方法以及与用户交互的事件。通过设置窗体的属性，编写相应事件的处理代码，可以自定义该对象以满足应用程序的要求。

窗体包含的图标、标题、位置和背景等要素，可以通过窗体的"属性"面板进行设置，也可以通过代码实现。但是为了快速开发窗体应用程序，通常都是通过"属性"面板进行设置（设置窗体属性时，要特别注意先选中待设置属性的窗体）。窗体的常用属性如表5-1所示。

表 5-1　窗体常用属性

属性名称	说　明	默认值
Name	设置窗体的名称（这不是用户在窗体标题栏上看到的名称，而是在编写程序代码时引用该窗体的名称）	Form1（Form2、Form3 等）
AcceptButton	获取或设置当用户按【Enter】键时所单击的窗体上的按钮	无
Height	获取或设置窗体的高度	无

续表

属性名称	说　　明	默认值
Width	获取或设置窗体的宽度	无
CancelButton	获取或设置当用户按【Esc】键时单击的按钮控件	无
ContextMenu	获取或设置与控件关联的快捷菜单	无
ControlBox	获取或设置一个值，该值指示在该窗体的标题栏中是否显示控件框	True
MaximizeBox	获取或设置一个值，该值指示是否在窗体的标题栏中显示最大化按钮	True
MinimizeBox	获取或设置一个值，该值指示是否在窗体的标题栏中显示最小化按钮	True
ShowInTaskBar	获取或设置一个值，该值指示是否在 Windows 任务栏中显示窗体	True
Text	获取或设置与此控件关联的文本	Form1（Form2、Form3 等）
FormBorderStyle	控制窗体边框的外观，还将影响标题栏的显示方式以及允许在标题栏上显示的按钮	Sizable
WindowState	获取或设置窗体的窗口状态	Normal
BackColor	窗体背景颜色	Control
ForeColor	窗体前景颜色	ControlText

其中，FormBorderStyle属性有7个值供设置，各项含义如下：

➢ Fixed3D：固定的三维边框。

➢ FixedDialog：固定的对话框样式的粗边框。

➢ FixedSingle：固定的单行边框。

➢ FixedToolWindow：不可调整大小的工具窗口边框。

➢ None：无边框。

➢ Sizable：可调整大小的边框。

➢ SizableToolWindow：可调整大小的工具窗口边框。

窗体的常用方法如表5-2所示。

表 5-2　窗体的常用方法

方 法 名 称	说　　明	方 法 名 称	说　　明
Activate	激活窗体并给予它焦点	Focus	为控件设置输入焦点
Close	关闭窗体	Show	显示窗体
Hide	对用户隐藏控件	ShowDialog	将窗体显示为模式对话框

如果需要在一个窗体Form1中打开另一个窗体Form2，可通过调用窗体的Show( )方法，代码如下：

```
Form2 form2=new Form2();
Form2.Show();
```

要通过代码关闭窗体可直接使用其Close( )方法，语句为：

```
this.Close();
```

要通过代码隐藏窗体可直接使用其Hide( )方法，语句为：

```
this.Hide();
```

窗体的常用事件如表5-3所示。

表 5-3 窗体的常用事件

方法名称	说 明	方法名称	说 明
Click	在单击窗体时发生	Leave	在输入焦点离开窗体时发生
FormClosed	关闭窗体后发生	Load	在第一次显示窗体前发生
FormClosing	在关闭窗体时发生	Move	在移动窗体时发生
Enter	进入窗体时发生	Resize	在调整控件大小时发生
KeyDown	在键盘键按下时发生		

2. Windows应用程序编程模型

Windows窗体编程模型基于事件驱动。事件是用户对控件进行的某些操作。当控件更改某个状态时，它将引发一个事件。为了处理事件，应用程序为该事件注册一个事件处理程序。事件处理程序就是绑定到事件的方法，当事件发生时，就执行该方法内的代码。

事件驱动编程方式完全不同于面向过程的程序设计方式，它是由事件的产生来驱动的。事件的产生是随机的、不确定的，没有预定顺序的。用户的各种操作称为事件，如单击鼠标、按下键盘键等。事件驱动程序恰好适合于Windows的多任务特点。

每个窗体和控件都公开了一组预定义事件，可根据这些事件进行编程。如果发生其中一个事件并且在相关联的事件处理程序中有代码，则执行这些代码。

窗体Form类提供了许多事件用于响应对窗体的各种操作，窗体最重要的事件是Load事件，也是窗体的默认事件，窗体加载时，将触发窗体的Load事件，在Load事件处理程序中可以实现窗体加载时需要进行的操作。

3. 启动窗体设置

一个Windows应用程序中可以包含多个窗体，不同的窗体负责完成不同的功能，并且各个窗体相互独立。一个包含多个窗体的应用程序称为多窗体应用程序。对于多窗体应用程序来讲，需要设置一个在应用程序运行时启动的窗体，其他窗体的显示可以通过编写相应的代码实现。在默认情况下，系统创建的第一个窗体为启动窗体。如果要指定其他窗体为默认窗体，需在项目的Program.cs文件的Main()方法中修改Run方法的参数。例如，要将窗体FrmLogin设置为启动窗体，则代码可修改为：

```
Application.Run(new FrmLogin());
```

【例5-1】设置窗体颜色。

本例实现改变窗体颜色的功能。运行程序，此时显示的窗体颜色如图5-3所示，单击"改变窗体颜色"按钮，效果如图5-4所示，此时窗体颜色发生了变化。

图 5-3 改变颜色前的窗体

图 5-4 改变颜色后的窗体

具体实现步骤如下：

（1）创建一个Windows窗体应用程序，项目名称为Eg5-1。

（2）界面设计，窗体以及控件的属性如表5-4所示。

表 5-4　属性设置

对 象 名 称	属 性 名 称	属 性 值
窗体（Form）	Name	frmColor
	Text	窗体颜色变化
	BackColor	Control
按钮（Button）	Name	btnColor
	Text	改变窗体颜色

（3）在btnColor按钮的单击事件中编写以下代码（双击btnColor按钮即可进入事件处理代码的编写）：

```
namespace Eg5_1
{
    public partial class frmColor : Form
    {
        public frmColor()
        {
            InitializeComponent();
        }
        private void btnColor_Click(object sender, EventArgs e)
        {
            this.BackColor=Color.BlueViolet;            //设置窗体颜色
        }
    }
}
```

可以通过设置窗体的BackColor属性的值设置窗体的颜色，该属性在设计面板中可以在下拉列表框中选择相应的颜色值来确定，也可以通过编写代码实现。

二、控件的概念

控件（Control）是可以被包含在窗体中的可视组件的统称。Windows应用程序的界面主要由控件构成，在程序与用户交互的过程中，控件起着重要的作用。在.NET中，窗体与控件的本质都是类，这些用于创建Windows应用程序的类都位于System.Windows.Forms命名空间中。根据控件功能的不同，可将控件分成不同的类别，为方便使用，它们各自分布在工具箱对应的选项卡中，如公共控件、容器控件、菜单和工具栏控件、数据控件、对话框控件等。

每个控件都有各自的属性，但有些属性是大多数控件所共有的，通用属性的一部分如表5-5所示。

表 5-5　控件部分通用属性

属性名称	说　　明	属性名称	说　　明
Name	控件名称	BackColor	控件的背景色
Text	设置或获取控件的文本	Font	控件上文字的字体、字号等属性
Width	控件的宽度	Enabled	控件是否可用
Height	控件的高度	Visible	控件是否可见
ForeColor	控件的前景色		

在系统开发中，常常采用"控件名简写+英文描述"的方法来命名控件，其中英文描述首字母大写，如lblName、txtAge、btnConfirm、rdoClass等，这样的命名方式描述清晰准确，一目了然。

1. 控件的添加

1）在窗体设计时添加控件

➤ 选择"视图"→"工具箱"命令，打开工具箱，双击要添加的控件。这样，在活动对象的左上角就放置了一个默认大小的控件实例，然后重新调整控件的大小和位置。

➤ 在工具箱中单击想要的控件，然后在窗体上移动光标，当光标变成十字形状时，将光标放在期望的控件左上角所在的位置，然后按住鼠标拖动光标到期望的控件右下角所在的位置后释放鼠标。

➤ 在工具箱中单击想要的控件，然后在窗体期望的相应位置单击。

2）在运行时添加控件

可以使用Controls属性的Add( )方法在运行时添加控件。下面的代码演示了如何在窗体上添加一个默认大小的Button控件。

```
Button btnTest=new Button();
btnTest.Text="Test";
btnTest.left=100;
btnTest.Top=100;
this.Controls.Add(btnTest);
```

2. 控件的布局

当窗体上有多个控件时，控件的大小、位置经常是杂乱无章的，可以通过鼠标拖动相应的控件来调整大小和位置，也可以使用"格式"菜单或"布局"工具栏对其分层和锁定窗体上的控件。

1）选中需要布局的控件

当某个控件被选中时，控件周围会出现8个方块控制点。用【Shift】或【Ctrl】键选中多个控件时，其中一个控件为基准控件（该控件周围的控制点为8个小方块），当对选中的控件进行对齐、大小、间距调整时，系统自动会以基准控件为准进行调整。

2）实现控件布局

通过"格式"菜单或工具栏实现控件布局，可以设置控件的对齐方式、控件大小、水平间距、垂直间距等，如图5-5和图5-6所示。

| 格式(O) | 工具(T) | 测试(S) | 分析(N) | 窗口(W) |
| 对齐(A) | ▶ | ├─ 左对齐(L) |

（图 5-5 "格式"菜单 与 图 5-6 "布局"工具栏，含菜单项：对齐(A)、使大小相同(M)、水平间距(H)、垂直间距(V)、窗体内居中(C)、顺序(O)、锁定控件(L)；子菜单：左对齐(L)、居中对齐(C)、右对齐(R)、顶端对齐(S)、中间对齐(M)、底端对齐(B)、对齐到网格(G)）

图 5-5　"格式"菜单　　　　　　　　图 5-6　"布局"工具栏

3．Tab键顺序

在Windows窗体应用程序中，经常用到【Tab】键来调整控件的焦点从而方便操作。Tab键的顺序是指用户按【Tab】键从一个控件移动到另一个控件的顺序。每个窗体上的控件都有自己的Tab键顺序，默认情况下与创建控件的顺序相同，编号从0开始。如何更改Tab键的顺序呢？

（1）选择"视图"→"Tab键顺序"命令，即可看到控件的实际键值，如图5-7所示。依次单击控件以建立所需的Tab键顺序，完成后再选择"视图"→"Tab键顺序"命令即可。

（2）可使用TabIndex属性设置Tab键顺序。选择控件，设置控件的TabIndex属性为所需要的值，同时将TabStop的属性设置为True（False时将忽略该Tab键顺序）。

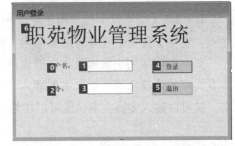

图 5-7　Tab 键顺序设置

工具箱的选项卡中提供了很多可以直接使用的控件，这些控件大致可分成命令类控件、文本类控件、选项类控件、容器类控件、图形类控件、菜单类控件和对话框类控件，程序员可根据应用程序用户界面的功能需求选择相应控件。

三、Label（标签）控件

Label（标签）控件是Windows窗体最常用的控件，一般用于在窗体中相对固定的位置显示静态文本信息。这些信息文字通常为其他控件作指示性的说明或用于输出信息，但用户不能直接在标签控件上进行编辑修改。它在工具箱中图标是**A Label**。Label控件常用属性如表5-6所示。

表 5-6　Label 控件常用属性

属性	说　明	默认值
Text	用来设置或返回标签控件中显示的文本信息	label1
AutoSize	用来获取或设置一个值，该值指示是否自动调整控件的大小以完整显示其内容。取值为 True 时，控件将自动调整到刚好能容纳文本时的大小，取值为 False 时，控件的大小为设计时的大小	True
Anchor	用来确定此控件与其容器控件的固定关系	Top、Left
BackColor	用来获取或设置控件的背景色。当该属性值设置为 Color.Transparent 时，标签将透明显示，背景色不再显示出来	Control
BorderStyle	用来设置或返回边框。有 3 种选择：BorderStyle.None 为无边框（默认），BorderStyle.FixedSingle 为固定单边框，BorderStyle.Fixed3D 为三维边框	None
Image	获取或设置显示在 Label 上的图像	无

续表

属性	说　　明	默认值
Enabled	用来设置或返回控件的状态。值为 True 时允许使用控件，值为 False 时禁止使用控件，标签呈暗淡色，一般在代码中设置	True
Font	标签上文字的字体、字号等属性	系统默认

既可以在窗体设计阶段通过"属性"窗口设置标签的属性，也可以在程序运行时在代码中设置。下面代码实现了对标签控件属性的设置，运行结果如图5-8所示。

```
lblTest.Text="标签控件的使用";
lblTest.BackColor=Color.Blue;
lblTest.Font=new Font("黑体",20,FontStyle.Italic);
```

四、TextBox（文本框）控件

TextBox（文本框）控件用于获取用户输入或显示文本，也是Windows应用程序最常用的控件之一。它在工具箱中对应的图标是 ▣ TextBox 。

文本框通常用于编辑文本，但也可以设置为只读控件。它是一个小型的编辑器，提供了所有基本文字的处理功能，如文本的插入、选择、复制和基本格式设置等。文本框既可以输入单行文本，又可以输入多行文本，还可以作为密码输入框，图5-9显示了文本框的3种模式。

图 5-8　标签的使用

图 5-9　文本框的 3 种模式

TextBox控件为该控件中显示的或输入的文本提供一种基本格式样式，但如果要显示多种类型的带格式文本，可以使用RichTextBox控件。

TextBox控件的常用属性如表5-7所示。

表 5-7　TextBox 控件常用属性

属性名称	说　　明	默认值
Text	获取或设置与此控件关联的文本	无
MaxLength	获取或设置用户可在文本框控件中输入或粘贴的最大字符数	32 767
PasswordChar	获取或设置字符，该字符用于屏蔽单行 TextBox 控件中的密码字符	无
Multiline	控制编辑控件的文本是否能够跨越多行	False
ReadOnly	用户可滚动并突出显示文本框中的文本，但不允许更改。"复制"命令在文本框中仍然有效，但"剪切"和"粘贴"命令都不起作用	False
WordWrap	指定在多行文本框中，如果一行的宽度超过了控件的宽度，其文本是否应自动换行	True

续表

属性名称	说　明	默认值
BorderStyle	获取或设置文本框控件的边框类型	Fixed3D
CharacterCasing	获取或设置 TextBox 控件是否在字符输入时修改其大小写格式	Normal

TextBox控件的常用方法如表5-8所示。

表 5-8　TextBox 控件的常用方法

方　法　名	说　明
AppendText	向文本框的当前文本追加文本
Clear	从文本框控件中清除所有文本
Copy	将文本框中当前选定内容复制到"剪贴板"
Cut	将文本框中当前选定内容移动到"剪贴板"
Focus	为控件设置输入焦点
Paste	用剪贴板的内容替换文本框中的当前选定内容
Select	选中控件的文本

Text属性是文本框最重要的属性，用户输入以及显示的文本就包含在Text属性中。TextBox的属性既可以通过属性窗口设置，也可以通过代码实现。下面的代码说明了文本框控件部分属性的设置方法。

```
TextBox textBox=new TextBox();
textbox.Text="测试";
textbox.MaxLength=3;
textbox.Multiline=true;
```

图 5-10　TextChanged 事件示例结果

文本框的常用事件是TextChanged事件和KeyPress事件。一旦文本框中的文本被改变，就会触发TextChanged事件，该事件也是其默认事件。下面代码展示了TextChanged事件的使用，运行结果如图5-10所示。

```
private void txtInput_TextChanged(object sender, EventArgs e)
{
    lblInput.Text=txtInput.Text;
}
```

五、Button（按钮）控件

Button（按钮）控件几乎存在于所有Windows窗口中，常常用于启动、中断或结束一个进程。它的图标是 Button 。Button控件允许用户通过单击执行操作，当鼠标单击某按钮或按钮得到焦点且用户按下【Enter】键时，就会触发按钮的Click事件，通过编写按钮的Click事件处理程序，即可指定按钮的功能。Click事件是按钮的默认事件。

Button控件的常用属性如表5-9所示。

表 5-9　Button 控件的常用属性

属性名称	说　明
Text	获取或设置指定显示的文本

属性名称	说　明
FlatStyle	改变按钮的样式。如果把样式设置为 PopUp，则该按钮就显示为平面，直到用户再把鼠标指针移动到其上面为止。此时，按钮会弹出，显示为 3D 外观
Enabled	这个属性派生于 Control，是一个非常重要的属性。设置为 False，则该按钮就会灰显，单击它不会起任何作用
Image	可以指定一个在按钮上显示的图像（如位图、图标等）
ImageAlign	使用这个属性，可以设置按钮上的图像在什么地方显示

其中，FlatStyle属性的取值可为：

➤ Flat：该控件以平面显示，外观如 提交 。

➤ Popup：该控件以平面显示，直到鼠标指针移动到该控件为止，此时该控件外观为三维。外观如 提交 。

➤ Standard：该控件外观为三维。外观如 提交 。

➤ System：该控件的外观是由用户的操作系统决定的。

【例5-2】加法器。设计一个应用程序，用户在文本框中输入数据后，单击"提交"按钮后显示两个数据之和。界面如图5-11所示。

实现步骤如下：

（1）新建一个Windows窗体应用程序，项目名称为Eg5-2。

（2）设计程序界面，如图5-12所示。

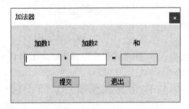

图 5-11　加法器界面

图 5-12 加法器界面设计

（3）程序中的主要控件及属性如表5-10所示。

表 5-10　加法器界面的主要控件及属性值

对象名称	属性名称	属　性　值
窗体（Form）	Name	frmAdd
	Text	加法器
	FormBorderStyle	FixedToolWindow
	MaximizeBox	False
	MinimizeBox	False
标签（label）1	Text	加数 1
标签（label）2	Text	加数 2
标签（label）3	Text	和
文本框（TextBox）1	Name	txtFirst
文本框（TextBox）2	Name	txtSecond

续表

对象名称	属性名称	属 性 值
文本框（TextBox）3	Name	txtResult
	ReadOnly	True
按钮（Button）1	Name	btnOK
	Text	提交
按钮（Button）2	Name	btnExit
	Text	退出

（4）功能实现。

双击"提交"按钮，在按钮的单击事件中编写如下代码：

```
private void btnOK_Click(object sender, EventArgs e)
{
    double num1=double.Parse(txtFirst.Text);
    double num2=double.Parse(txtSecond.Text);
    double result=num1+num2;
    txtResult.Text=result.ToString();
}
```

双击"退出"按钮，在按钮的单击事件中编写如下代码：

```
private void btnExit_Click(object sender, EventArgs e)
{
    this.Close();
}
```

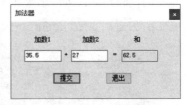

图 5-13　加法器运算结果

（5）调试与运行，结果如图5-13所示。

六、MessageBox（消息对话框）控件

MessageBox（消息对话框）控件向用户显示消息。这是一个模式窗口，可阻止应用程序中的其他操作，直到用户将其关闭。MessageBox 可包含通知并指示用户的文本、按钮和符号。

消息对话框是用MessageBox对象的show( )方法显示的。MessageBox对象是命名空间System. Windows.Forms的一部分，Show是一个静态方法，意思是说，不需要基于MessageBox类的对象创建实例，就可以使用该方法，而且该方法是可以重载的，即方法可以有不同的参数列表形式。通常MessageBox使用的编程代码如下：

```
DialogResult dr=MessageBox.Show(text,caption,buttons,icon,defaultbutton,option);
```

参数必须按照上面顺序设置：

➤ Text：设置消息对话框中的提示文本语句，必须是String类型。

➤ Caption：可选参数，设置消息对话框的标题，必须是字符串型。

➤ Buttons：可选参数，设置消息对话框中显示哪些按钮。

➤ Icon：可选参数，设置消息对话框中显示哪个图标，常用取值为MessageBoxIcon枚举值 Error、Question、None、Information、Stop、Warning等。

➤ Defaultbutton：可选参数，设置消息对话框哪个按钮是默认激活的。

➤ Option：可选参数，为消息对话框设置一些特殊的选项，如文本对齐方式、指定阅读顺序、是否向系统日志写消息。

Buttons各枚举（MessageBoxButtons）常量及意义如下：

➤ Ok：消息框中只有"确定"按钮。

➤ OkCancel：消息框中只有"确定"和"取消"按钮。

➤ YesNo：消息框中只有"是"和"否"按钮。

➤ YesNoCancel：消息框中有"是"、"否"和"取消"按钮。

➤ RetryCancel：消息框中有"重试"和"取消"按钮。

➤ AbortRetryIgnore：消息框中有"中止"、"重试"和"忽略"按钮。

消息对话框的返回值是System.Windows.Forms.DialogResult的成员，枚举值有Abort、Cancel、Ignore、No、Ok、Retry、None、Yes，其含义与对话框中的Button设置一致。

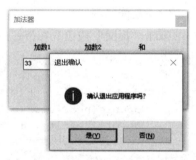

图 5-14　MessageBox 使用

在例5-2中，为防止用户错误单击"退出"按钮，在退出程序前，显示一个消息对话框，让用户确认是否要真的退出，完善的代码如下，运行结果如图5-14所示。

```
private void btnExit_Click(object sender, EventArgs e)
{
    DialogResult dr=MessageBox.Show("确认退出应用程序吗？", "退出确认", Message
BoxButtons.YesNo, MessageBoxIcon.Information);
    if(dr==DialogResult.Yes)
        this.Close();
}
```

任务实施

"用户登录"窗体包含了文本、按钮和供用户输入数据的文本框等控件，首先要基于Windows窗体和控件进行界面设计，并设置窗体和控件对象的重要属性。用户登录的业务流程如图5-15所示。

视频 ●•••••••

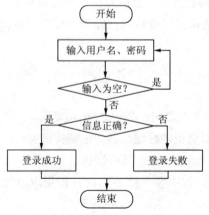

图 5-15　用户登录业务流程

具体实现过程如下：

步骤1：创建"职苑物业管理系统"项目，项目名称为wygl。

打开Visual Studio 2015，选择"文件"→"新建"→"项目"命令，弹出"新建项目"对话框，如图5-16所示，设置好"项目名称""位置"等信息，单击"确定"按钮，完成项目创建。

图 5-16　"新建项目"对话框

步骤2：新建用户登录窗体FrmLogin.cs。

在"解决方案资源管理器"窗口中右击wygl项目名称，在弹出的快捷菜单中选择"添加"→"Windows窗体"命令，弹出"添加新项"对话框，如图5-17所示，在"名称"文本框中输入FrmLogin.cs，单击"添加"按钮，完成窗体的创建。

图 5-17　"添加新项"对话框

步骤3：为窗体添加控件对象。

从工具箱的公共控件选项卡中向登录窗体中添加显示文本的标签（Label）、供用户输入的文本框（TextBox）和按钮（Button）等控件，窗体布局如图5-18所示。添加控件后，可通过鼠标拖放调整控件的位置和大小。

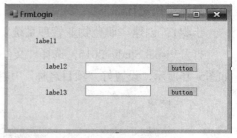

步骤4：设置窗体、控件的属性。

设置属性，就是改变对象的某些特征。窗体、控件的大部分属性都可以采用默认值，不必一一设置。根据任务需求，"用户登录"窗体中对象的属性设置如表5-11所示。

图 5-18　用户登录窗体布局

表 5-11　用户登录窗体属性设置

对象名称	属性名称	属性值
窗体（Form）	Name	FrmLogin
	AcceptButton	btnLogin
	ControlBox	False
	FormBorderStyle	FixedSingle
	StartPosition	CenterScreen
	Text	用户登录
标签（Label）1	Font	Name：Microsoft Sans Serif Size：28 Unit：point
	ForeColor	Blue
	Text	职苑物业管理系统
标签（Label）2	Text	用户名：
标签（Label）3	Text	口令：
用户名文本框（TextBox）	Name	txtUser
口令文本框（TextBox）	Name	txtPwd
	PasswordChar	*
登录按钮（Button）	Name	btnLogin
退出按钮（Button）	Name	btnExit

表5-11中各控件的名称（Name属性）需按照规则来设置。在进行标签Lebel控件的Font属性设置时，可单击属性后的 ⊞ 按钮，弹出"字体"对话框，进行可视化的字体设置，如图5-19所示。

步骤5：添加按钮的Click事件处理代码。

在用户登录窗体设计器中双击"登录"按钮控件，在FrmLogin.cs文件中自动添加该控件的Click事件的处理方法的声明，此时将打开代码编辑器，插入点已位于该事件处理方法中，在方法内部添加如下代码（此处仅为模拟登录）：

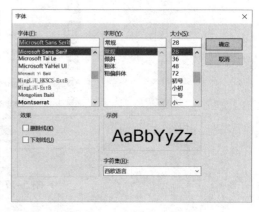

图 5-19　"字体"对话框

```
private void btnLogin_Click(object sender, EventArgs e)
{
    string username=txtUser.Text;              //获取用户输入信息
    string password=txtPwd.Text;
    if(username==""||password=="")             //判断是否输入登录信息
    {
        MessageBox.Show("请输入登录信息！", "输入提示", MessageBoxButtons.OK,
MessageBoxIcon.Information);
        txtUser.Focus();                       //获取输入焦点
        return;
    }
    if(username=="admin"&&password=="admin") //登录信息判断
    {
        MessageBox.Show("登录成功！", "信息提示", MessageBoxButtons.OK,
MessageBoxIcon.Information);
    }
    else
    {
        MessageBox.Show("用户名或密码错误！", "登录失败", MessageBoxButtons.OK,
MessageBoxIcon.Warning);
        txtUser.Focus();                       //获取输入焦点
    }
}
```

同样，在"退出"按钮的Click事件处理方法中添加以下代码：

```
private void btnExit_Click(object sender, EventArgs e)
{
    this.Close();
}
```

以上代码中，txtUser.Text形式的代码是访问控件的属性，控件名和属性名称之间用成员访问符（.）连接，控件的其他属性的访问类似。

步骤6：保存并运行程序。

程序运行后的效果如图5-1所示。值得说明的是，运行前需修改FrmLogin窗体为启动窗体。

延伸阅读

一、控件的焦点

在"用户登录"窗体中，当用户登录信息有误时，希望光标能停留在用户名输入文本框中，这样为用户再次输入提供了极大的方便。通过txtUser.Focus();语句可以使控件获取焦点。

焦点是指程序运行时，使窗体或窗体中的控件对象成为用户当前操作的对象。当对象具有焦点时，才能接收用户的输入。一个控件得到了焦点，它就可以响应用户对它的操作。可通过以下方法获取焦点：

➤ 程序运行时用鼠标选择控件。

➤ 程序运行时用键盘选择控件。

➤ 程序设计时在代码中使用Focus( )方法。

在代码中使用对象的Focus( )方法获取焦点的语法格式为：

```
对象名. Focus();
```

可以使用【Tab】键使对象按指定顺序获得焦点，就是前面讲到的Tab键顺序。TabIndex为0的对象就是窗体打开时默认的焦点对象。

通过对象的布尔型的Focused属性可以判定该对象是否获得了焦点。窗体的ActiveControl属性保存了当前焦点对象，可通过以下语法获取：

```
Control con = this.ActiveControl;
```

二、控件默认事件

所谓默认事件，就是对象使用率最高、最常用到的事件，设计时只要对控件进行双击操作，就可以进入该控件的默认事件。

例如，Button按钮控件的默认事件是Click，设计时双击Button按钮对象，即可进行Button按钮的Click事件处理程序的编写。如果要编写Button按钮控件的其他事件的处理代码，需要选择"属性"窗口的事件 ⚡ 选项卡，如图5-20所示，在当前对象的所有事件列表中选择需要的事件（如MouseEnter）进行双击操作即可，生成的模板代码如下所示。另外，如果某个事件的处理代码已经写好，可以在事件列表中找到该事件，单击事件后的 ☑ 按钮，选择好事件处理方法后进行绑定即可。

图5-20　事件列表操作

```
private void btnOK_MouseEnter(object sender, EventArgs e)
{

}
```

三、LinkLabel（链接标签）控件

LinkLabel（链接标签）控件可显示超链接的Windows标签控件，可链接其他应用程序或者链接某个网站，常用属性如表5-12所示。

表5-12　LinkLabel 控件常用属性

属性名称	说　　明
LinkArea	获取或设置文本中视为链接的范围
LinkBehavior	获取或设置一个表示链接行为的值
LinkColor	获取或设置显示普通链接时使用的颜色
LinkVisited	获取或设置一个值，该值指示链接是否应显示为如同被访问过的链接
VisitedLinkColor	获取或设置当显示以前访问过的链接时所使用的颜色

在LinkClicked事件处理程序中，确定选择链接后将发生的操作。

任务 2　用户管理窗体设计

任务导入

"职苑物业管理系统"是面向合法用户的，对于登录用户的管理，系统提供了用户管理功能，主要是实现用户的密码修改、添加用户和用户删除功能。对于系统用户，只有管理员用户admin账号才有权限进行添加、删除用户。本任务将基于窗体控件进行用户添加、用户删除和用户密码修改等用户管理界面的设计，设计界面如图5-21～图5-23所示。

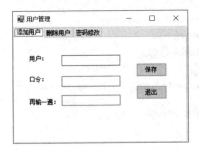

图 5-21　用户添加界面

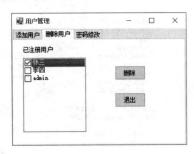

图 5-22　用户删除界面

图 5-23　用户密码修改界面

知识技能准备

一、TabControl（选项卡）控件

TabControl（选项卡）控件是Windows窗体经常使用的容器控件，它可以支持在一个控件中放置多个选项卡，每个选项卡又可以放置多个控件。它的图标是 ▆▆ TabControl 。Windows操作系统许多地方都使用了选项卡控件，如图5-24所示。近些年来，Office软件中的工具栏也融入了选项卡的风格。使用TabControl控件可以在一个窗体中显示更多的内容，把一个窗体当成多个窗体来使用。图5-25所示为一个设计阶段的选项卡。

TabControl控件最重要的属性是TabPages，它表示TabControl控件的选项卡集合。单击该属性旁的▥按钮，弹出"TabPage集合编辑器"对话框（见图5-26），单击"添加"或"移除"按钮，即可向当前TabControl控件中添加或删除选项卡。选中"成员"列表中的任一项，可在右边的"属性"列表中设置该选项卡的属性。通过 ⬆、⬇ 按钮，可实现选项卡页面的位置移动。也可以单击窗体中TabControl控件右上角的黑色小箭头，在弹出的任务面板中选择对选项卡的操作，如图5-27所示。

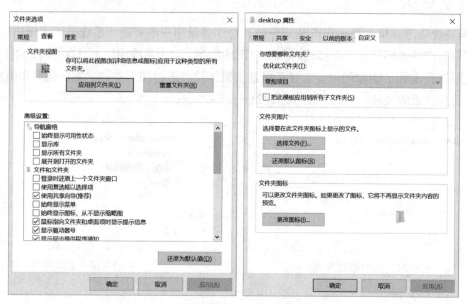

图 5-24　Windows 中包含选项卡的对话框

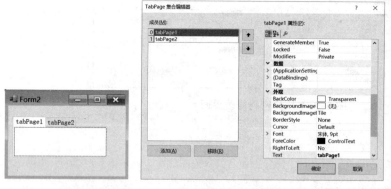

图 5-25　设计阶段的选项卡　　　图 5-26　"TabPage 集合编辑器"对话框　　　图 5-27　TabControl 任务面板

也可以通过编程的方式添加和删除选项卡。编程方式使用TabPages属性的Add( )方法添加选项卡，示例代码如下：

```
string title="TabPage "+(tabControl1.TabCount+1).ToString();
TabPage myTabPage=new TabPage(title);
tabControl1.TabPages.Add(myTabPage);
```

编程方式使用TabPages属性的Remove方法删除选项卡，示例代码如下：

```
tabControl1.TabPages.Remove(tabControl1.SelectedTab);
```

TabControl控件的常用属性如表5-13所示。

表 5-13　TabCon 控件的常用属性

属性名称	说　明
TabPages	获取该选项卡控件中选项卡页的集合
SelectedIndex	获取或设置当前选定的选项卡页的索引
SelectedTab	获取或设置当前选定的选项卡页
TabCount	获取选项卡条中选项卡的数目
Mutiline	用于指定是否可以显示多行选项卡

二、ListBox（列表框）控件

ListBox控件是Windows窗体的列表类控件，它显示一个项列表，用户可从中选择一项或多项。它的图标是 ![ListBox]。ListBox中的数据既可以在设计时填充，也可以在程序运行时填充。列表框中的每个元素称为"项"。列表框提供了要求用户从中选择一项或多项的方式。在设计期间如果不知道用户要选择的项的个数，就应使用列表框；如果所有可能的值比较多时，也应考虑使用列表框。

ListBox控件的常用属性如表5-14所示。

表 5-14　ListBox 控件的常用属性

属性名称	说　明
Items	列表中所有条目的集合。可以通过该属性，对列表进行增添、移除或获取列表内容
MultiColumn	用来设置或获取一个值（bool 值），表示是否允许多列显示，True 表示多列，False 表示单列，默认值为 False
SelectionMode	设置列表条目的选择方法。 SelectionMode.None 表示不允许选中 SelectionMode.One 表示只允许用户选择一项 SelectionMode.MultiExtended 表示允许选择多项，但选中的条目必定相连 SelectionMode.MultiSimple 表示允许选择多项，可以任意选中多个条目
SelectedIndex	获取选中项的索引。未选中任何项时，返回值为 –1；单选时，属性值即为选中项的索引；多选时，表示第一项选定项的索引。索引从 0 开始。
SelectedItem	获取列表当前选中项。注意，获取到的是列表选中项的文本内容，而 SelectedIndex 获取的只是选中项索引（int）
SelectedItems	获取选中项的集合，使用 SelectedItems[i] 获取选中项的文本内容，i 为选中项集合索引
Sorted	用来设置或获取列表是否按字母排序（bool）
Text	获取或搜索列表控件当前选定项的文本
ItemsCount	用来获取当前列表条目的数目

SelectedIndex属性返回对应于列表框中第一个选定项的整数值。通过更改代码中 SelectedIndex 的值，可以编程方式更改选定项；列表中的相应项将在Windows窗体上突出显示。如果未选定任何项，则SelectedIndex值为–1。如果选定了列表中的第一项，则 SelectedIndex值为0。当选定多项时，SelectedIndex值反映列表中最先出现的选定项。SelectedItem 属性类似于SelectedIndex，但它返回项本身通常是字符串值。Items.Count 属性反映列表中的项数，并且Items.Count属性的值总比SelectedIndex的最大可能值大 1，因为 SelectedIndex是从零开始的。

若要在 ListBox 控件中添加或删除项，可使用 Items.Add、Items.Insert、Items.Clear 或 Items.

Remove 方法。或者，可以在设计时使用 Items 属性向列表添加项。

设置ListBox控件时，可通过单击Items属性旁的 ⋯ 按钮，弹出"字符串集合编辑器"对话框（见图5-27），在其中可输入列表项，每行为一个列表项。

【例5-3】ListBox控件的使用。设计一个应用程序，界面如图5-28所示，演示列表框中项的移动。

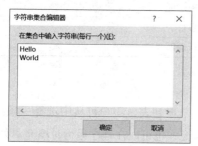

图 5-27 "字符串集合编辑器"对话框

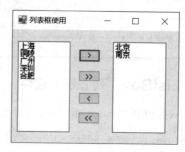

图 5-28 列表框使用示例界面

实现步骤如下：

（1）新建一个Windows窗体应用程序，项目名称为Eg5-3。

（2）设计程序界面，如图5-28所示。在窗体中设置左右两个ListBox控件lstLeft、lstRight，四个按钮 > btnItemToRight、 < btnItemToLeft、 >> btnItemsToRight、 << btnItemsToLeft。两个列表框的SelectionMode属性设置为MultiSimple，同时，对列表框控件对象lstLeft进行列表项的初始化。

（3）功能实现。

双击 > 按钮，在按钮的单击事件中编写如下代码：

```
private void btnItemToRight_Click(object sender, EventArgs e)
{
    if(lstLeft.SelectedIndex!=-1)
    {
        lstRight.Items.Add(lstLeft.SelectedItem);
        lstLeft.Items.RemoveAt(lstLeft.SelectedIndex);
    }
}
```

双击 < 按钮，在按钮的单击事件中编写如下代码：

```
private void btnItemToLeft_Click(object sender, EventArgs e)
{
    if(lstRight.SelectedIndex!=-1)
    {
        lstLeft.Items.Add(lstRight.SelectedItem);
        lstRight.Items.RemoveAt(lstRight.SelectedIndex);
    }
}
```

双击 >> 按钮，在按钮的单击事件中编写如下代码：

```
private void btnItemsToRight_Click(object sender, EventArgs e)
{
    for(int i=0;i<lstLeft.SelectedItems.Count;i++)
```

```
    {
        lstRight.Items.Add(lstLeft.SelectedItems[i]);
    }
    for(int i=lstLeft.SelectedItems.Count-1; i>=0; i--)
        //由于SelectedItems集合一直在发生变化，在移除列表框选项时，采用倒序方式
    {
        lstLeft.Items.Remove(lstLeft.SelectedItems[i]);
    }
}
```

双击 « 按钮，在按钮的单击事件中编写如下代码：

```
private void btnItemsToLeft_Click(object sender, EventArgs e)
{
    for(int i=0; i<lstRight.SelectedItems.Count; i++)
    {
        lstLeft.Items.Add(lstRight.SelectedItems[i]);
    }
    for(int i=lstRight.SelectedItems.Count-1; i>=0; i--)
        //由于SelectedItems集合一直在发生变化，在移除列表框选项时，采用倒序方式
    {
        lstRight.Items.Remove(lstRight.SelectedItems[i]);
    }
}
```

（4）调试与运行，测试列表项的移动。

在学习ListBox控件时，读者可结合例5-3熟悉对列表框中列表项的操作方法。

ListBox控件常用的事件有Click和SelectedIndexChanged，SelectedIndexChanged事件是默认事件，在列表框改变选中项时发生。

三、CheckedListBox（复选列表框）控件

CheckedListBox（复选列表框）控件扩展了ListBox控件，该控件包含多个复选框，能完成列表框的所有任务，并且还在列表项旁边显示复选标记。它的图标是 CheckedListBox。CheckedListBox中的数据既可以在设计时填充，也可以在程序运行时填充。CheckedListBox控件的常用属性如表5-15所示。

表 5-15　CheckedListBox 控件的常用属性

属性名称	说　明
Items	获取列表中条目的集合
CheckedItems	获取选中项的集合，该属性是只读的
CheckedIndices	表示控件对象中选中索引的集合
CheckOnClick	决定是否在第一次单击某复选框时即改变其状态
SelectMode	指示复选列表框控件的可选择性。该属性只有两个值是有效的，分别是 None 和 One。None 表示条目都不能被选中；One 表示所有列表项均可选
MultiColumn	决定是否可以多列形式显示各项
Sorted	表示控件对象中的各项是否按字母序排序显示

与ListBox控件类似，基于编码可实现对CheckedListBox控件的操作：

（1）添加项：

```
clbPE.Items.Add("台球");
```

（2）判断第i项是否被选中：

```
clbPE.GetItemChecked(i);
```

（3）设置第i项：

```
clbPE.SetItemChecked(i, true);
```

（4）设置第i项的Checked状态：

```
clbPE.SetItemCheckState(i,CheckState.Checked);
```

【例5-4】选择体育运动。演示CheckedListBox控件的各属性、方法的使用。程序运行后，通过选择复选框后显示用户选择的体育运动，如图5-29所示。

实现步骤如下：

（1）新建一个Windows窗体应用程序，项目名称为Eg5-4。

图5-29　选择体育运动界面

（2）设计程序界面，如图5-29所示。在窗体中设置一个Label标签、一个CheckedListBox控件clbPE、一个Button控件btnOK。复选列表框clbPE的MultiColumn属性设置为True，同时，对复选列表框控件对象clbPE进行列表项的初始化。

（3）功能实现。

双击"确定"按钮，在按钮的单击事件中编写如下代码：

```
private void btnOpen_Click(object sender, EventArgs e)
{
    string str="你喜欢的体育运动有:\r\n";
    for(int i=0; i<clbPE.CheckedItems.Count; i++)   //遍历选中的项
    {
        str+=clbPE.CheckedItems[i].ToString()+"\r\n";
    }
    MessageBox.Show(str);
}
```

（4）调试与运行，效果如图5-29所示。

任务实施

"职苑物业管理系统"的用户管理功能主要由用户添加、用户删除、用户密码修改三个界面组成，三个功能基于三个选项页面（TabPage）进行设计实现。添加用户界面在设计时用户需输入两次密码，以防止用户误输。用户删除界面的左侧基于ListBox控件列出当前系统所有用户，可勾选要删除用户进行删除。用户密码修改界面可对当前登录用户的密码进行修改，界面上用户名文本框是只读的，新密码也

视 频

要输入两次以防止用户误输。具体实现步骤如下：

步骤1：新建用户管理窗体FrmUsermanager.cs。

步骤2：为新建的窗体设计布局。

用户管理窗体包含三个业务功能界面，基于TabControl控件进行设计，每个功能对应一个TabPage。从工具箱的容器控件中添加一个TabControl控件到用户管理窗体，在"属性"窗口中修改TabControl对象的Dock属性的值为Fill，使其铺满整个用户管理窗体。

在"属性"窗口中单击TabControl对象的TabPages属性后的 ... 按钮，弹出"TabPage集合编辑器"对话框，如图5-30所示。在"TabPage集合编辑器"对话框左边的"成员"列表中选择tabPage1，然后在右边的"属性"列表中修改其Name属性为tabAdd、Text属性为"添加用户"；同理，修改tabPage2的Name属性为tabDel、Text属性为"删除用户"。再单击"添加"按钮，增加一个TabPage选项卡页面，同理，修改该页面的Name属性为tabModi、Text属性为"密码修改"。完成后单击"确定"按钮，设计完成的窗体布局界面如图5-31所示。

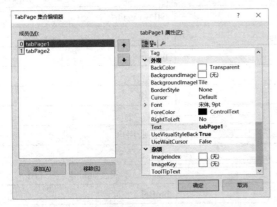

图 5-30　"TabPage 集合编辑器"对话框

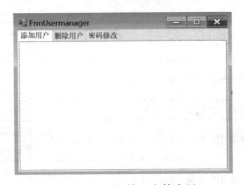

图 5-31　用户管理窗体布局

步骤3：添加控件，进行业务功能界面设计。

选中"添加用户"选项卡页面，从工具箱中向其中添加Label、TextBox、Button等控件，布局如图5-32所示。选中"删除用户"选项卡，从工具箱中向其中添加Label、CheckedListBox、Button等控件，布局如图5-33所示。选中"密码修改"选项卡，从工具箱中向其中添加Label、TextBox、Button等控件，布局如图5-34所示。

图 5-32　"添加用户"界面

图 5-33　"删除用户"界面

图 5-34　"密码修改"界面

步骤4：设置窗体中各控件的相关属性。

按照表5-16设置用户管理窗体界面各控件的主要属性值，大部分属性使用其默认属性。

表 5-16　用户管理窗体界面控件属性设置

对 象 名 称	属 性 名 称	属 性 值
窗体（Form）	Name	FrmUsermanager
	StartPosition	CenterScreen
	Text	用户管理
添加用户标签（Label）1	Text	用户：
添加用户标签（Label）2	Text	口令：
添加用户标签（Label）3	Text	再输一遍：
添加用户文本框（TextBox）1	Name	txtUsername
添加用户口令文本框（TextBox）2	Name	txtPwd
	PasswordChar	*
添加用户确认口令文本框（TextBox）3	Name	txtPwdAgain
	PasswordChar	*
添加用户按钮（Button）1	Name	btnSave
	Text	保存
添加用户按钮（Button）2	Name	btnExit
	Text	退出
删除用户标签（Label）4	Text	已注册用户
删除用户复选列表框（CheckedListBox）	Name	chlUser
	Items	{张三、李四、admin}（测试用）
删除用户按钮（Button）3	Name	btnDel
	Text	删除
删除用户按钮（Button）4	Name	btndelExit
	Text	退出
密码修改标签（Label）5	Text	用户名：
密码修改标签（Label）6	Text	原始密码：
密码修改标签（Label）7	Text	新密码：
密码修改标签（Label）8	Text	密码确认：
密码修改用户名文本框（TextBox）4	Name	txtUsernameModi
	ReadOnly	True
密码修改原始密码文本框（TextBox）5	Name	txtPwdOld
	PasswordChar	*
密码修改原始密码文本框（TextBox）6	Name	txtPwdNew
	PasswordChar	*
密码修改原始密码文本框（TextBox）7	Name	txtPwdNewAgain
	PasswordChar	*
密码修改按钮（Button）5	Name	btnSaveModi
	Text	保存

续表

对 象 名 称	属 性 名 称	属 性 值
密码修改按钮（Button）6	Name	btnExitModi
	Text	退出

"删除用户"界面显示已注册用户复选列表框（CheckedListBox）的各条目的值在实际运行时将根据数据库的用户信息进行初始化，此处作为模拟，可以选定该控件的Items属性，单击该属性后的▦按钮，弹出"字符串集合编辑器"对话框，在其中进行设置，每行输入一项，输入完毕单击"确定"按钮即可。

步骤5：初始化事件处理代码。

在"用户管理"窗体界面，只有管理员admin账号登录才有权限执行添加、删除用户功能，在"用户管理"窗体初始化时，要对当前登录账号是否为admin账号进行判定。如果为admin账号，则显示"添加用户""删除用户"选项卡，否则将不显示这两个选项卡。此功能需要编写"用户管理"窗体的Load事件进行实现，具体实现代码如下：

```
private void FrmUsermanager_Load(object sender, EventArgs e)
{
    //只有管理员admin用户登录才能添加用户、删除用户
    if(txtUsernameModi.Text!="admin")
    {
        this.tabControl1.TabPages.Remove(tabAdd);    //删除选项卡
        this.tabControl1.TabPages.Remove(tabDel);
    }
}
```

步骤6：保存并运行程序。

程序运行后的效果如图5-21～图5-23所示。可把文本框txtUsernameModi对象的Text属性分别修改为admin或001，测试"添加用户""删除用户"选项卡页面的显示情况。值得说明的是，运行前需修改FrmUsermanager窗体为启动窗体。

延伸阅读

Windows窗体界面是与用户交互的重要接口，是Windows应用程序的基本单位，控件是分布在窗体上的主要对象，对用户界面的设计应遵循一定的原则：

（1）一致性原则。在界面设计中，一致性原则通常包含窗体大小、形状、色彩的一致性，文本框、命令按钮等界面元素外观的一致性，界面中出现术语的一致性等。一致性原则在设计中最容易违背，同时也最容易修改和避免。通用应用程序可选择灰色色调，给人以轻松、舒适的感觉。字体使用无衬线文字，不使用大字体、粗字体。

（2）易用性原则。提供常用操作的快捷方式，根据常用操作的使用频度大小，减少操作序列的长度。对于相对独立的操作序列，一般应提供回退、中途放弃等功能，让用户感觉到操作合理，具有亲切感。在布局上，可使用GroupBox、Panel等控件对窗体元素进行分类。

（3）容错原则。界面要有容错能力。当用户出现录入错误或命令错误时，系统应尽量准确地

检测出错误发生的位置，报告错误发生的性质，提供简单和容易理解的错误处理结果或提示给用户一个修正参考，保证用户操作的连续性。

任务3　楼盘管理窗体设计

任务导入

楼盘是"职苑物业管理系统"重要的管理内容之一，小区物业管理的楼盘主要分为住宅和商铺两大类，楼盘是其基本属性。本任务将创建"楼盘管理"窗体，用户可以对小区的建筑物信息进行浏览、添加、修改和删除等操作。楼盘管理界面主要包括楼盘信息管理和楼盘信息查询两个操作界面。楼盘信息管理界面可实现用户对楼盘信息的添加、修改和删除功能。楼盘信息查询界面可实现楼盘信息的浏览和查询功能。设计界面如图5-35和图5-36所示。

图 5-35　楼盘信息管理界面　　　　　　　　图 5-36　楼盘信息查询界面

知识技能准备

一、RadioButton（单选按钮）控件

RadioButton（单选按钮）控件是为用户提供选择的控件，它的图标是 ⊙ RadioButton 。一组单选钮控件可以提供一组彼此相互排斥的选项，用户只能从中选择一个，实现"单项选择"的功能，被选中项目左侧圆圈中会出现一个点。

当需要对RadioButton分组时，必须使用GroupBox或Panel容器控件。

RadioButton（单选按钮）控件的常用属性如表5-17所示。

表 5-17　RadioButton 控件的常用属性

属 性 名 称	说　　　明
Text	设置控件显示的文本
Checked	指示单选按钮是否被选中，true 为选中，false 为未选中

RadioButton控件的主要事件有Click和CheckedChanged。Click事件在单击某个单选按钮时触发；

CheckedChanged事件在单选按钮的Checked属性值发生变化时触发。如果两个事件同时存在，先触发CheckedChanged事件，再触发Click事件。

【例5-5】选择常用编程语言。演示RadioButton控件各属性、方法的使用。程序运行后，通过单选按钮选中常用编程语言后显示用户选择的编程语言，如图5-37所示。

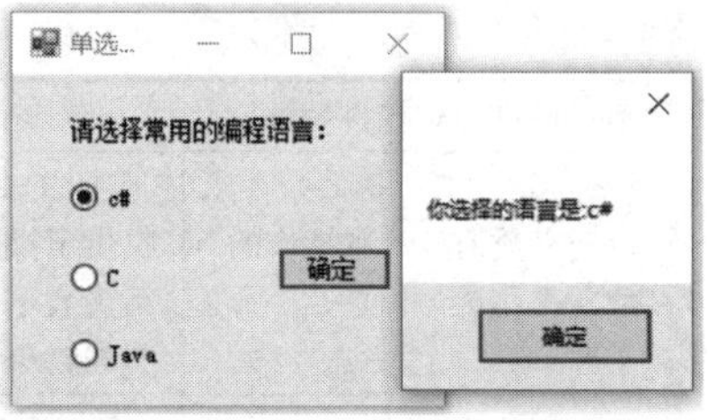

图 5-37　选择常用编程语言界面

实现步骤如下：

（1）新建Windows窗体应用程序，项目名称为Eg5-5。

（2）设计程序界面，如图5-37所示。在窗体中设置一个Label标签、一组RadioButton控件（rdoCSharp、rdoC、rdoJava）、一个Button控件btnOK。对各单选按钮的显示文字进行初始化。

（3）功能实现。

双击"确定"按钮，在按钮的单击事件中编写如下代码：

```
private void btnOK_Click(object sender, EventArgs e)
{
    string str="你选择的语言是:";
    if(rdoCSharp.Checked)
    {
        str+=rdoCSharp.Text;
    }else if(rdoC.Checked)
    {
        str+=rdoC.Text;
    }else
    {
        str+=rdoJava.Text;
    }
    MessageBox.Show(str);
}
```

（4）调试与运行，效果见图5-37。

二、DataGridView 控件

DataGridView是常用表格控件，属于Windows窗体的容器类控件，可以显示和编辑来自多种不同类型的数据源的表格数据。它的图标是　DataGridView。DataGridView控件在实际应用中非常实用，特别需要表格显示数据时。可以静态绑定数据源，这样就自动为DataGridView控件添加相应的行。表5-18列出了DataGridView控件的主要特性。

表 5-18　DataGridView 的主要特性

DataGridView 控件特性	描　　述
多种列类型	DataGridView 提供有 TextBox、CheckBox、Image、Button、ComboBox 和 Link 类型的列及相应的单元格类型
多种数据显示方式	DataGridView 能够显示非绑定的数据、绑定的数据源，或者同时显示绑定和非绑定的数据。也可以在 DataGridView 中实现 virtual mode，实现自定义的数据管理

DataGridView 控件特性	描　　述
自定义数据显示和操作的多种方式	DataGridView 提供了很多属性和事件，用于数据的格式化和显示。此外，DataGridView 提供了操作数据的多种方式，例如：对数据排序，并显示相应的排序符号（带方向的箭头表示升降序）；行、列和单元格的多种选择模式；多项选择和单项选择；改变用户编辑单元格内容的方式
用于更改单元格、行、表头外观和行为的多个选项	DataGridView 能够以多种方式操作单个网格组件，例如：冻结行和列，避免它们因滚动而不可见；隐藏行、列、表头；改变行、列、表头尺寸的调整方式；改变用户对行、列、单元格的选择模式；为单个单元格、行和列提供工具提示（ToolTip）和快捷菜单；自定义单元格、行和列的边框样式

1. DataGridView控件数据列设计

DataGridView控件以行列的形式显示数据。DataGridView控件列标题可以通过可视化的界面设计，也可以通过编码方式添加。

DataGridView控件列标题设计：单击"属性"窗口中Columns属性旁的 ⬚ 按钮（或单击DataGridView对象右上角的黑色三角按钮）打开DataGridView任务面板（见图5-38），选择"编辑列"命令，弹出"编辑列"对话框，如图5-39所示。

图 5-38　DataGridView 任务面板

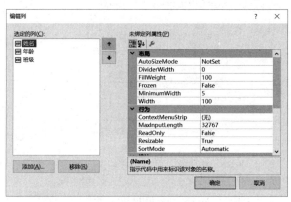

图 5-39　"编辑列"对话框

在"编辑列"对话框中单击"添加"按钮，弹出图5-40所示的"添加列"对话框，设置好列的名称、类型和列标题文本，单击"确定"按钮即可添加新列。在"编辑列"对话框中也可以选择已有列，在右边的属性列表中设置列的相关信息。当前列标题显示的内容可以通过列的DataPropertyName属性与数据源的列对应起来。如果DataGridView控件未进行列标题设计，则会自动使用数据源的元数据展示信息。

DataGridView控件的列在编程时也可以修改，如修改DataGridView对象dgv的列显示文本和列宽的代码如下：

图 5-40　"添加列"对话框

```
dgv.Columns[i].HeaderText="门牌号";
dgv.Columns[i].Width=80;
```

2. DataGridView控件数据源绑定

使用DataGridView控件，可以显示和编辑来自多种不同类型的数据源的表格数据。将数据绑定到DataGridView控件非常简单和直观，在大多数情况下，只需设置DataSource属性即可。可以使用DataSource属性绑定DataTable对象（类似以行、列表示的数据）。

```
dgv.DataSource=dt;                  //dt为5.3.4拓展中创建的DataTable对象
```

上述代码执行后，数据源绑定效果如图5-41所示。在DataGridView控件显示界面，用户可以进行数据的编辑和添加新数据。

也可以通过编码的方式对DataGridView控件对象进行操作。

添加新行数据：

```
int index=dgv.Rows.Add();
dgv.Rows[index].Cells[0].Value="王五";
dgv.Rows[index].Cells[1].Value=19;
dgv.Rows[index].Cells[2].Value="19软件技术";
```

图 5-41　DataGridView 控件绑定数据源

获取选定的数据：

```
String name=dgv.CurrentRow.Cells[0].Value.ToString();
```

删除选定的数据：

```
dgv.Rows.RemoveAt(0);
```

三、ContextMenuStrip（上下文菜单）控件

ContextMenuStrip控件即上下文菜单，就是右击某个窗体或者控件后弹出的菜单。在许多Windows窗体应用中都能见到其应用，它通过右击，在弹出的菜单中选择相应命令进行执行。它的图标是 ContextMenuStrip 。

可以从工具箱的菜单控件中拖放ContextMenuStrip控件到当前窗体，此时在工作区下部会出现 contextMenuStrip1 控件名，当前它还未与任何控件相关联。ContextMenuStrip对象要与某个控件相关联，直接把控件的ContextMenuStrip属性设置为当前ContextMenuStrip对象即可。可以基于可视化的菜单编辑界面进行菜单设计，如图5-42所示。

图 5-42　ContextMenuStrip 快捷菜单设计

设计好上下文菜单后双击菜单项，编写当前菜单的Click事件处理程序。例如：将图5-42设计好的上下文菜单绑定到窗体上，即在"属性"窗口中设置窗体的ContextMenuStrip属性为 **contextMenuStrip1**；再双击"复制"菜单项，进入"复制"菜单项Click事件处理程序编写，这里模拟实现，执行时弹出消息框"已复制"，相关处理代码如下：

```
private void 复制ToolStripMenuItem_Click(object sender, EventArgs e)
```

```
{
    MessageBox.Show("已复制");
}
```

运行结果如图5-43所示。

在进行菜单设计时，可以在菜单名称后加上"&+字母"实现对菜单的快捷操作，如"文件(&F)"会显示成文件(F)，在菜单弹出时，可以通过【Alt】键与对应字母的组合键执行菜单命令。ContextMenuStrip控件可以实现对某一控件的快捷操作，通过鼠标右击弹出，在"职苑物业管理系统"中可以方便实现对列表项的快捷操作。

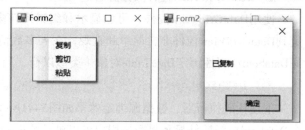

图 5-43　ContextMenuStrip 菜单运行示例

![任务实施]

"职苑物业管理系统"的楼盘管理功能主要包括楼盘信息管理和楼盘信息查询功能，设计楼盘信息管理窗体和楼盘信息查询窗体与用户进行数据交互。

在楼盘信息管理窗体上，用户可以实现楼盘信息的添加、修改和删除功能。添加楼盘信息功能，用户可以直接在窗体上输入相关信息，单击"保存"按钮实现。为了用户操作方便，楼盘的相关信息在窗体显示时会加载到DataGridView控件中。对DataGridView控件已有的楼盘信息，用户可以在数据行上右击，在弹出的快捷菜单中选择"修改"和"删除"操作，如图5-44所示。执行"删除"操作时，直接把当前数据行对应的楼盘信息删除；执行"修改"操作，需要把选中的数据行的信息加载到楼盘信息输入控件中，用户修改楼盘信息完毕后，单击"更新"按钮实现数据的保存。

在楼盘信息查询窗体上，用户可以根据房屋的门牌号进行查询，输入查询内容后，单击"查询"按钮执行查询，查询的结果显示在DataGridView控件中。

在窗体的设计布局上，采用上下结构，如图5-45所示。上部为数据交互、命令执行区，主要为基本的窗体交互控件，下部为数据信息展示区，主要通过DataGridView控件来展示数据。在设计"房屋状态"数据交互控件时，因系统只存在两种房屋状态，故使用单选按钮实现用户的选择。

图 5-44　楼盘信息管理窗体上下文菜单操作

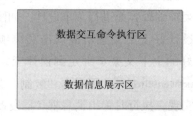

图 5-45　窗体设计布局

具体实现步骤如下：

步骤1：新建楼盘信息管理窗体FrmBuilding.cs。

步骤2：设计FrmBuilding窗体。

楼盘信息管理窗体布局主要分为上下两部分，上半部分用于用户输入楼盘基本信息并执行相关的命令，下半部分用于楼盘数据信息的展示。上半部分设计时，从工具箱的公共控件中向其中添加Label、TextBox、RadioButton、Button等控件；下半部分添加数据控件DataGridView，布局如图5-46所示。

步骤3：设置FrmBuilding窗体中各控件的相关属性。

按照表5-19设置楼盘信息管理窗体界面各控件的主要属性值。

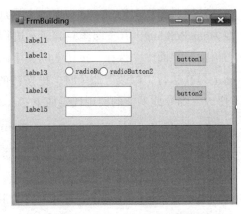

图 5-46　房屋信息管理窗体布局

表 5-19　楼盘信息管理窗体界面控件属性设置

对 象 名 称	属 性 名 称	属 性 值
窗体（Form）	Name	FrmBuilding
	StartPosition	CenterScreen
	Text	楼盘信息管理
标签（Label）1	Text	门牌号：
标签（Label）2	Text	户型：
标签（Label）3	Text	房屋状态：
标签（Label）4	Text	产权号：
标签（Label）5	Text	面积：
门牌号文本框（TextBox）1	Name	txtMph
户型文本框（TextBox）2	Name	txtHx
产权号文本框（TextBox）3	Name	txtCqh
面积文本框（TextBox）4	Name	txtMj
单选按钮（RadioButton）1	Name	rdoFwzt1
	Text	出租
单选按钮（RadioButton）2	Name	rdoFwzt2
	Text	销售
按钮（Button）1	Name	btnSave
	Text	保存（注：当用户处于数据修改状态时，其值为"更新"）
按钮（Button）2	Name	btnExit
	Text	退出
DataGridView 控件对象	Name	dgvBuilding

DataGridView控件的列标题和数据源属性可在绑定数据源时，根据数据源的格式进行设计和绑定。

步骤4：DataGridView控件上下文菜单设计。

从工具箱中向FrmBuilding窗体上添加ContextMenuStrip控件，通过"属性"窗口修改其Name属性为cmsBuilding，并按照图5-44所示进行上下文菜单设计。

由于界面中"保存"按钮上的文字内容在数据修改状态时的值为"更新"，在代码处理上，实际上是在执行"修改"命令时，把按钮的Text属性设置为"更新"，更新完成后再设置为"保存"。"修改"命令此功能的实现代码如下：

```
private void 修改ToolStripMenuItem_Click(object sender, EventArgs e)
{
    btnSave.Text="更新";
}
```

上下文菜单cmsBuilding通过编码的形式在DataGridView控件dgvBuilding 的CellMouseClick事件处理程序中弹出，此功能的实现代码如下：

```
private void dgvBuilding_CellMouseClick(object sender,
            DataGridViewCellMouseEventArgs e)
{
    if (e.Button==MouseButtons.Right)
    {
        //弹出上下文菜单
        cmsBuilding.Show(MousePosition.X, MousePosition.Y);
    }
}
```

步骤5：新建楼盘信息查询窗体FrmBuildingSearch.cs。

步骤6：设计FrmBuildingSearch窗体。

楼盘信息查询窗体布局主要分为上下两部分，上半部分用于用户查询条件设置，下半部分用于查询结果信息的展示。上半部分设计时，从工具箱的公共控件中向其中添加Label、TextBox、Button等控件；下半部分添加数据控件DataGridView，布局如图5-47所示。

步骤7：设置FrmBuildingSearch窗体中各控件的相关属性。

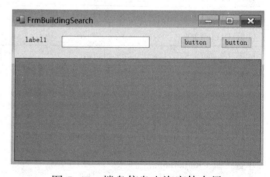

图 5-47　楼盘信息查询窗体布局

按照表5-20设置楼盘信息查询窗体界面各控件的主要属性值。

表 5-20　楼盘信息查询窗体界面控件属性设置

对象名称	属性名称	属性值
窗体（Form）	Name	FrmBuildingSearch
	StartPosition	CenterScreen
	Text	楼盘信息查询
标签（Label）1	Text	门牌号：
门牌号文本框（TextBox）1	Name	txtMph
按钮（Button）1	Name	btnSearch
	Text	查询

续表

对象名称	属性名称	属性值
按钮（Button）2	Name	btnExit
	Text	退出
DataGridView 控件对象	Name	dgVBuilding

DataGridView控件的列标题和数据源属性可在绑定数据源时，根据数据源的格式进行设计和绑定。

步骤8：保存并运行程序。

程序运行后的效果见图5-35和图5-36。在实际运行时，也可以基于DataTable对象构建模拟数据。需要说明的是，运行前需修改相关窗体为启动窗体。

一、DataTable 对象

DataTable对象代表了数据库中的一个表，数据表由数据行和数据列组成，即由DataRow对象和DataColumn对象组成。以下代码演示了DataTable的相关属性和方法操作：

```
//创建Datatable
DataTable dt=new DataTable("stu");
//创建列
dt.Columns.Add(new DataColumn("myname", Type.GetType("System.String")));
dt.Columns.Add(new DataColumn("age", Type.GetType("System.Int32")));
dt.Columns.Add(new DataColumn("myclass", Type.GetType("System.String")));
//创建数据
DataRow dr=dt.NewRow();
dr["myname"]="张三";
dr["age"]=19;
dr["myclass"]="19软件技术";
dt.Rows.Add(dr);
dr=dt.NewRow();
dr["myname"]="李四";
dr["age"]=20;
dr["myclass"]="19计算机应用技术";
dt.Rows.Add(dr);
```

二、ListView（列表视图）控件

ListView控件以列表形式显示数据，ListView控件也是常用的窗体控件。ListView控件通常用于显示带图标的项列表，用户可以对这些数据和显示方式进行某些控制。它的图标是 ▦ ListView 。使用该控件可以创建Windows资源管理器的用户界面，如图5-48所示。

图 5-48　Windows "资源管理器" 列表视图

ListView控件的常用属性如表5-21所示。

表 5-21　ListView 控件的常用属性

属性名称	说　明
FullRowSelect	此属性用于指定在 ListView 控件中单击某项时要执行的操作过程。单击某项时，可以指定是只选择该项还是选择该项所在的整行
View	此属性指定将建列表视图的类型。视图类型主要包括大图标、小图标、列表、详细信息和平铺
Alignment	指定 ListView 各项的对齐方式
Sorting	对项进行排序的方式
Multiselect	此属性设置为 True 时，表示在控件中一次可以选择多个项
GridLines	获取或设置一个值，该值指示在包含控件中的项及其子项的行和列之间是否显示网格
Items	列表视图中的选项集合
SelectedItems	获取选中行的集合

其中，View属性的取值为枚举值，对应5种视图类型：

➢ LargeIcon：每项都显示为一个最大化图标，在它的下面带一个标签。

➢ SmallIcon：每项都显示为一个小图标，在它的右边带一个标签。

➢ List：每项都显示为一个小图标，在它的右边带一个标签。各项排列在列中，没有列表头。

➢ Details：可以显示任意列，但只有第一列可以包含一个小图标和标签，其他列项只能显示文字信息，有列表头。

➢ Tile：每项都显示为一个完整大小的图标，在它的右边带项标签和子项信息。

ListView控件的使用方式与本节介绍的集合列表类控件类似，可以通过"属性"窗口可视化界面进行列表项设计，也可以通过编码方式操作ListView控件。

1. 列表头创建

```
listView1.Columns.Add("列标题1", 120,  HorizontalAlignment.Left);
```

2. 添加数据项

```
listView1.View=View.Details;
```

```
ListViewItem lvi=new ListViewItem();
lvi.Text="item1";
lvi.SubItems.Add("第2列,第1行");
listView1.Items.Add(lvi);
```

3. 获取项

```
listView1.Items[i]. SubItems[j].Text;
```

4. 移除项

```
listView1.Items.RemoveAt(lvi.Index);
```

任务 4　住宅管理窗体设计

任务导入

住宅是"职苑物业管理系统"重要的管理内容之一，通过住宅管理可以实现对小区住宅和住户的基本信息管理。本任务将创建"住宅管理"窗体，用户可以对小区的住宅、住户信息进行浏览、添加、修改和删除等多种操作。住宅管理窗体界面主要包括住宅信息管理和住宅信息查询两个操作界面。住宅信息管理界面可实现用户对住宅信息的添加、修改和删除等功能。住宅信息查询界面可实现住宅信息的浏览和查询功能。设计界面如图5-49和图5-50所示。在完成"住宅管理"窗体设计的基础上，可完成本单元实训项目"门面房管理"窗体的设计实训。

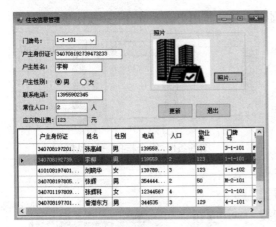

图 5-49　住宅信息管理界面

图 5-50　住宅信息查询界面

知识技能准备

一、ComboBox（组合框）控件

ComboBox控件用于在下拉组合框中显示数据。它的图标是 ComboBox 。该控件主要由两部分组成：一个文本框和一个列表框。文本框用来显示当前选中的条目，单击文本框旁边的下拉按钮，则会弹出列表框，可以使用键盘或鼠标在列表框中选择条目。如果文本框可编辑，则可以直

接输入条目。它的最大优点在于可以节约窗体空间。ComboBox控件的常用属性如表5-22所示。

表 5-22 ComboBox 控件的常用属性

属 性 名 称	说 明
DataSource	获取或设置 ComboBox 的数据源
FlatStyle	获取或设置 ComboBox 的外观
DisplayMember	获取或设置要为此 ComboBox 显示的字段
DropDownStyle	获取或设置指定组合框的样式的值
Items	获取一个对象，该对象表示该 ComboBox 中所包含项的集合
MaxDropDownItems	获取或设置要在 ComboBox 的下拉列表中显示的最大项数
SelectedIndex	获取或设置指定当前项的索引
SelectedItem	获取或设置 ComboBox 中当前选定的项
SelectedText	获取或设置 ComboBox 的可编辑部分中选定的文本
SelectedValue	获取或设置由 ValueMember 属性指定的成员属性的值
SelectionLength	获取或设置组合框可编辑部分中选定的字符数
SelectionStart	获取或设置组合框中选定文本的起始索引
Sorted	获取或设置组合框中的条目是否以字母顺序排序，默认值为 false，不允许

其中，DropDownStyle属性值有：

➤ DropDown：默认属性，这种形式下ComboBox的值可以从下拉列表中选择也可以手动输入，并且手动输入的值是不受限制的。

➤ DropDownList：值只能在下拉列表中选择，不能手动输入，用户必须单击下拉按钮显示列表。

➤ Simple：文件部分可编辑，列表部分总可见。

三种风格的组合框的外观如图5-51所示。

ComboBox的使用方式与ListBox大致相似，可类比学习，其默认事件也是SelectedIndexChanged事件。

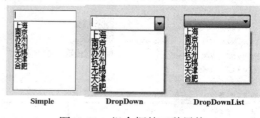

图 5-51　组合框的三种风格

【例5-6】创建一个搜索条件选择器，学习ComboBox控件的使用。在进行住户信息查询时，可通过门牌号、户主姓名、户主身份证等多种条件进行搜索，创建一个搜索条件组合框，用户可以在搜索时进行搜索方式选择。在此示例中，单击"确定"按钮显示用户选择的搜索方式，如图5-52所示。

图 5-52　搜索条件选择器界面

实现步骤如下：

（1）新建Windows窗体应用程序，项目名称为Eg5-6。

（2）设计程序界面，如图5-52所示。在窗体中设置一个Label标签、一个ComboBox控件cmbSearch、一个Button控件btnOK。根据要求和显示界面初始化各控件的属性。

（3）功能实现。

窗体加载时，在Load事件中初始化组合框cmbSearch对象。

```
private void Form3_Load(object sender, EventArgs e)
{
    cmbSearch.Items.Add("门牌号");
    cmbSearch.Items.Add("户主姓名");
    cmbSearch.Items.Add("户主身份证");
    cmbSearch.SelectedIndex=0;
}
```

双击"确定"按钮，在按钮的单击事件中编写如下代码：

```
private void btnOK_Click(object sender, EventArgs e)
{
    string str=cmbSearch.SelectedItem.ToString();
    MessageBox.Show("你选择的搜索条件是："+str);
}
```

（4）调试与运行，效果见图5-52。

二、OpenFileDialog（打开文件对话框）控件

在Windows中，对话框是一种特殊的窗体，用来在用户界面中向用户显示信息，或者在需要的时候获得用户的输入响应。对话框是一种次要窗口，通过它们可以完成特定命令或任务。是用户与应用程序之间交换信息的有效途径之一。之所以称为"对话框"是因为它们使计算机和用户之间构成了一个对话——或者是通知用户一些信息，或者是请求用户输入，或者两者皆有。

OpenFileDialog对话框是Windows操作系统中最常见的对话框，其功能是用来提示用户打开文件，如图5-53所示。用户可以通过该对话框浏览本地计算机以及网络中任何计算机上的文件夹，并选择打开一个或多个文件，返回用户在对话框中选定的文件路径和名称。它的图标是 OpenFileDialog。

图5-53　"打开文件"对话框

OpenFileDialog控件在设计时，不直接显示在窗体中，只出现在窗体下方的窗格中。此外，也可以通过程序代码创建，语法格式如下：

```
OpenFileDialog ofd = new OpenFileDialog();
```

通过设置OpenFileDialog控件的一些属性可以定制对话框、设置标题、筛选文件类型、初始打开目录等。表5-23列出了OpenFileDialog控件的常用属性。

表 5-23　OpenFileDialog 控件的常用属性

属 性 名 称	说　明
InitialDirectory	获取或设置文件对话框显示的初始目录
RestoreDirectory	设置对话框在关闭前是否还原当前目录（InitialDirectory 目录）
Filter	获取或设置当前文件名筛选器字符串，例如，" 文本文件 (*.txt)|*.txt| 所有文件 (*.*)|*.*"
FilterIndex	获取或设置文件对话框中当前选定筛选器的索引。注意，索引项从 1 开始
FileName	获取在文件对话框中选定打开文件的完整路径或设置显示在文件对话框中的文件名。注意，如果是多选（Multiselect），获取的将是在选择对话框中排第一位的文件名（不论你的选择顺序如何）
FileNames	获取对话框中所有选定文件的完整路径
Multiselect	设置是否允许选择多个文件
Title	获取或设置文件对话框标题
CheckFileExists	在对话框返回之前，如果用户指定的文件不存在，对话框是否显示警告
CheckPathExists	在对话框返回之前，如果用户指定的路径不存在，对话框是否显示警告
ShowHelp	设置文件对话框中是否显示"帮助"按钮
ShowReadOnly	设置文件对话框是否包含只读复选框
ReadOnlyChecked	设置是否选定只读复选框

其中，Filter属性需按照一定的格式来设置，它以"|"符号分隔成两部分：一部分是显示在对话框右下角组合框中的描述符，如"文本文件(*.txt)"；另一部分是内部执行的筛选类型，如"*.txt"。当有多个筛选器时，用"|"将它们分隔开，如"文本文件(*.txt)|*.txt|所有文件(*.*)|*.*"。

OpenFileDialog对象的属性可以通过"属性"窗口进行设置，也可以在程序运行时创建和设置。

将"打开文件对话框"对象的属性设置完成后，调用其ShowDialog( )方法，显示"打开"对话框。该方法返回一个DialogResult类型的值。如果用户在对话框中单击"打开"按钮，返回值为DialogResult.OK，否则为DialogResult.Cancel。

通过"打开文件对话框"的FileName属性可以获取用户所选取文件的路径。如未选中文件，则FileName属性的值是一个空字符串。

【例5-7】演示打开文件对话框的使用。设计一个选择文本文件的"打开文件对话框"，用户选择的文件路径显示在窗体上。界面如图5-55所示。

图 5-54　"打开文件对话框"示例

实现步骤如下：

（1）新建Windows窗体应用程序，项目名称为Eg5-7。

（2）设计程序界面，如图5-54所示。在窗体中设置一个TextBox标签txtFile、一个Button控件btnOpen。当单击btnOpen按钮时，显示打开文件对话框，用户选择后，在文本框中显示文件路径信息。根据要求和显示界面初始化各控件的属性。

（3）功能实现。

双击"打开"按钮，在按钮的单击事件中编写如下代码：

```
private void btnOpen_Click(object sender, EventArgs e)
{
    OpenFileDialog openFileDialog=new OpenFileDialog();
    openFileDialog.InitialDirectory="c:\\";
    openFileDialog.Filter="文本文件|*.txt|所有文件|*.*";
    openFileDialog.FilterIndex=1;
    openFileDialog.Title="打开文件对话框";
    if(openFileDialog.ShowDialog()==DialogResult.OK)
    {
        txtFile.Text=openFileDialog.FileName;
    }
}
```

三、PictureBox（图片框）控件

PictureBox控件可以显示来自位图、图标或者元文件，以及来自增强的元文件、JPEG 或 GIF 文件的图形。它的图标是 PictureBox 。

表5-24列出了PictureBox控件的常用属性。

表 5-24 PictureBox 控件的常用属性

属性名称	说　明
Image	设置图片框中要显示的图片文件
SizeMode	设置图像的显示方式，该属性有多个枚举值

其中，SizeMode的属性值有多个选项，如下所示：

➤ Normal：在此模式下，图片位于PictureBox的左上角，图片的大小由PictureBox控件的大小决定，当图片的大小大于PictureBox的尺寸时，多余的图像将被剪切掉。

➤ StretchImage：PictureBox会根据自身的长宽比例调整图片的长宽比例，使图片在PictureBox中完整显示出来，此种模式中的图片可能会失真。

➤ Zoom：将按照图片的尺寸比较缩放图片，使其完整显示在PictureBox中。此种模式下的缩放图片形状不会失真。

➤ AutoSize：图片框会根据图片的大小自动调整自身的大小以显示图片的全部内容。

➤ CenterImage：使图片在PictureBox工作区的正中间，当图片大于PictureBox的大小时，就显示图片的中间部分。

PictureBox中的图片既可以在设计时设置，也可以在程序运行时动态设置。在设计阶段，只要在"属性"窗口中选择Image属性，在"选择资源"对话框中选择要加载的图片即可。如果在程序运行阶段动态加载图片，可以使用下面语句：

```
pictureBox1.Image = Image.FromFile(@"C:\test.jpg");
```

四、GroupBox（分组框）控件

GroupBox控件用于对控件进行分组，可以设置每个组的标题。它的图标是 GroupBox 。

GroupBox控件属于容器控件，常常用于逻辑地组合一组控件，如RadioButton、CheckBox等，显示一个框架，其上有一个标题。

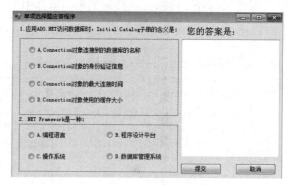

Windows窗体使用GroupBox控件可以创建编程分组，设计时将多个控件作为一个单元移动，对相关窗体元素进行可视化分组以构造一个清晰的用户界面效果。

GroupBox控件的常用属性是Text，用于设置分组框的标题。

图5-55所示为GroupBox（分组框）控件的应用实例。

图 5-55　GroupBox（分组框）控件应用示例

任务实施

"职苑物业管理系统"的住宅管理功能主要包括住宅信息管理和住宅信息查询功能，设计住宅信息管理窗体和住宅信息查询窗体与用户进行数据交互。

在住宅信息管理窗体上，用户可以实现住宅信息的添加、修改和删除功能。添加住宅信息功能，用户可以直接在窗体上输入相关信息，单击"保存"按钮实现。为了用户操作方便，住宅的相关信息在窗体显示时会加载到DataGridView控件中。对DataGridView控件已有的住户信息，用户可以在数据行上右击，在弹出的快捷菜单选择"修改"和"删除"操作，此处操作与楼盘信息管理窗体类似。执行"删除"操作时，直接把当前数据行对应的住宅信息删除；执行"修改"操作，需要把选中的数据行的信息加载到住宅信息输入控件中，用户修改住宅信息完毕后，单击"更新"按钮实现数据的保存。

在住宅信息查询窗体上，用户可以根据住宅的门牌号、户主姓名、户主身份证号进行查询，如图5-56所示，选定查询方式，输入查询内容后，单击"查询"按钮执行查询，查询结果显示在DataGridView控件中。

图 5-56　住宅信息查询方式设置

在窗体的设计布局上，采用上下结构，与图5-45类似。上部为数据交互、命令执行区，主要为基本的窗体交互控件，下部为数据信息展示区，主要通过DataGridView控件展示数据。在设计"户主性别"数据交互控件时，使用单选按钮实现用户的选择。在添加住宅信息时，可以提供户主照片进行显示，通过PictureBox控件实现。为使界面的设计有序、简洁，这里把与用户图片相关的操作通过GroupBox组件进行了分组。在添加住宅信息时，门牌号应是已存在的楼盘信息，故此处可以使用ComboBox控件提供门牌号的选择功能。另外，由于物业费是根据算法计算出来的，此处的物业费文本框只用于显示，不能修改。

具体实现步骤如下：

步骤1：新建住宅信息管理窗体FrmHouse.cs。

步骤2：设计FrmHouse窗体。

　　住宅信息管理窗体布局主要分为上下两部分，上半部分用于用户输入住宅基本信息并执行
相关的命令，下半部分用于住宅数据信息的展
示。上半部分设计时，大致分成三个小区域：住
宅基本信息输入区、住户图片操作区和命令执行
区；在住宅基本信息输入区，从工具箱的公共
控件中向其中添加Label、ComboBox、TextBox、
RadioButton、Button等控件；在住户图片操作区，
从工具箱的公共控件中向其中添加GroupBox、
PictureBox、Button等控件；在命令执行区，从工
具箱的公共控件中向其中添加Button控件。下半
部分添加数据控件DataGridView，布局如图5-57
所示。

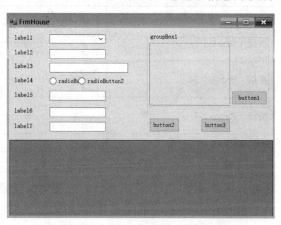

图 5-57　住宅信息管理窗体布局

　　步骤3：设置FrmHouse窗体中各控件的相关属性。

　　按照表5-25设置住宅信息管理窗体界面中各控件的主要属性值。

表 5-25　住宅信息管理窗体界面中各控件属性设置

对 象 名 称	属 性 名 称	属 性 值
窗体（Form）	Name	FrmHouse
	StartPosition	CenterScreen
	Text	住宅信息管理
标签（Label）1	Text	门牌号
标签（Label）2	Text	户主身份证：
标签（Label）3	Text	户主姓名：
标签（Label）4	Text	户主性别：
标签（Label）5	Text	联系电话：
标签（Label）6	Text	常住人口
标签（Label）7	Text	应交物业费
门牌号组合框（ComboBox）1	Name	cmbMph
户主身份证文本框（TextBox）1	Name	txtSfz
户主姓名文本框（TextBox）2	Name	txtXm
联系电话文本框（TextBox）3	Name	txtPhone
常住人口文本框（TextBox）4	Name	txtCzrk
应交物业费文本框（TextBox）5	Name	txtWyf
	ReadOnly	True
单选按钮（RadioButton）1	Name	rdoMan
	Text	男
单选按钮（RadioButton）2	Name	rdoWoman
	Text	女
分组框（GroupBox）1	Text	照片
图片框（PictureBox）1	Name	picPhoto
	SizeMode	StretchImage

续表

对 象 名 称	属 性 名 称	属 性 值
按钮（Button）1	Name	btnPhoto
	Text	照片…
按钮（Button）2	Name	btnSave
	Text	保存（注：当用户处于数据修改状态时，其值为"更新"）
按钮（Button）3	Name	btnExit
	Text	退出
DataGridView 控件对象	Name	dgvHouse

门牌号组合框选项的初始化需根据楼盘信息，通过编码进行设定。DataGridView控件的列标题和数据源属性可在绑定数据源时，根据数据源的格式进行设计和绑定。

步骤4：OpenFileDialog控件和DataGridView控件上下文菜单设计。

显示住户图片功能需要选择用户提供的图片，可基于OpenFileDialog控件进行图片选择。设计时，从工具箱中向FrmHouse窗体上添加OpenFileDialog控件openFileDialog1，在具体编码实现时，进行相关属性设置，参考代码如下：

```
openFileDialog1.Filter="所有文件|*.*|Jpg文件|*.jpg|位图文件|*.bmp|Gif文件
|*.gif|PNG文件|*.png";
openFileDialog1.FilterIndex=1;              //设置jpg文件为默认选项
if (openFileDialog1.ShowDialog()==DialogResult.OK)
{
    picPhoto.Image=Image.FromFile(openFileDialog1.FileName);
}
```

对已有住宅信息的操作需要基于ContextMenuStrip上下文菜单实现。从工具箱中向FrmHouse窗体上添加ContextMenuStrip控件，通过"属性"窗口修改其Name属性为cmsHouse，并参考图5-58进行上下文菜单的设计。在"保存"按钮与"更新"按钮显示文字的更换以及对上下文菜单对象cmsHouse的处理上，与楼盘管理功能任务的实现方式一致，这里不再赘述。

步骤5：新建住宅信息查询窗体FrmHouseSearch.cs。

步骤6：设计FrmHouseSearch窗体。

住宅信息查询窗体布局主要分为上下两部分，上半部分用于用户查询条件设置，下半部分用于查询结果信息的展示。上半部分设计时，从工具箱的公共控件中向其中添加Label、ComboBox、TextBox、Button等控件；下半部分添加数据控件DataGridView，布局如图5-59所示。

图5-58　上下文菜单　　　　　　　　　　　　　图5-59　住宅信息查询窗体布局

步骤7：设置FrmHouseSearch窗体中各控件的相关属性。

按照表5-26设置住宅信息查询窗体界面中各控件的主要属性值。

表 5-26 住宅信息查询窗体界面中各控件属性设置

对 象 名 称	属 性 名 称	属 性 值
窗体（Form）	Name	FrmHouseSearch
	StartPosition	CenterScreen
	Text	住宅信息查询
组合框（ComboBox）1	Name	cmbSearch
标签（Label）1	Text	查询条件：
标签（Label）2	Text	=
文本框（TextBox）1	Name	txtSearch
按钮（Button）1	Name	btnSearch
	Text	查询
按钮（Button）2	Name	btnExit
	Text	退出
DataGridView 控件对象	Name	dgvHouse

用户可以通过门牌号、户主姓名、户主身份证等信息进行查询，查询时需从ComboBox组合框中选择一个查询方式。组合框的初始化可基于窗体的Load事件以编码方式进行设置，参考代码如下：

```
private void FrmHouseSearch_Load(object sender, EventArgs e)
{
    cmbSearch.Items.Add("门牌号");
    cmbSearch.Items.Add("户主姓名");
    cmbSearch.Items.Add("户主身份证");
}
```

DataGridView控件的列标题和数据源属性可在绑定数据源时，根据数据源的格式进行设计和绑定。

步骤8：保存并运行程序。

程序运行后的效果见图5-49和图5-50。在实际运行时，也可以基于DataTable对象构建模拟数据。需要说明的是，运行前需修改相关窗体为启动窗体。

延伸阅读

在Windows窗体应用中，对控件的分组还可以基于Panel（面板）控件实现。设计示例如图5-60所示。

Panel控件用于为其他控件提供可识别的分组。它的图标是 📋 Panel 。通常，使用Panel控件按功能细分窗体。

在设计时，可以把相同功能的控件放在一个Panel容器中，方便进行管理，使创建的界面更清晰、美观，操作也更加便捷。当

图 5-60 Panel 控件设计示例

Panel控件面板上要显示过多的控件时，可设置AutoScroll属性为true，使用滚动条进行滚动显示。Panel控件在默认情况下不显示边框，如把BorderStyle属性设置为不是none的其他值，就可以使用面板可视化地组合相关控件。

任务 5　物业费管理窗体设计

任务导入

　　物业费是小区物业系统顺利运行的保障，物业费一般是根据文件规定按月收取，不同建筑物的物业费计算标准是不一样的，在收取时由系统自动计算出来。物业费管理是"职苑物业管理系统"一个重要的功能模块，通过物业费管理可以实现对小区物业费基本信息管理。本任务将创建"物业费管理"窗体，用户可以对小区的物业费信息进行浏览、添加、修改和删除等多种操作。物业费管理窗体界面主要包括物业费管理和物业费查询两个操作界面。物业费管理界面可实现用户对物业费的添加、修改和删除等功能。物业费查询界面可实现物业费信息的浏览和查询功能。设计界面如图5-61和图5-62所示。在完成"物业费管理"窗体设计的基础上，可完成本单元实训项目"停车管理"窗体的设计实训。

图 5-61　物业费管理界面　　　　　　　　　图 5-62　物业费查询界面

知识技能准备

一、CheckBox（复选框）控件

　　CheckBox控件用来提供选项，用复选框列出可供用户选择的选项，用户可以根据需要选择其中的一项或者多项。当选择一项内容时，会在该项前面的选择框中打个对号，如果没有选择，则为空白。与RadioButton控件不同的是，CheckBox控件可以进行多选。它的图标是 ☑ CheckBox 。通常可以将多个CheckBox控件放到GroupBox控件内形成一组，这一组内的CheckBox控件可以多选、不选或全选。CheckBox控件的常用属性如表5-27所示。

表 5-27　CheckBox 控件的常用属性

属 性 名 称	说　　　　明
Appearance	此属性用于指定 CheckBox 控件的外观，可设为 Button 或 Normal
AutoCheck	单击复选框时自动更改状态
Checked	用于指定复选框是否处于选中状态，如果处于选中状态，则设为 True，否则设为 False

续表

属性名称	说　明
FlatStyle	确定当用户将鼠标移到控件上并单击时控件的外观
CheckState	CheckBox 有 3 种状态：Checked、Indeterminate 和 Unchecked。复选框的状态是 Indeterminate 时，控件旁边的复选框通常是灰色的，表示复选框的当前值是无效的，或者无法确定（例如，如果选中标记表示文件的只读状态，且选中了两个文件，则其中一个文件是只读的，另一个文件不是），或者在当前环境下没有意义
ThreeState	用来返回或设置复选框是否能表示 3 种状态，如果属性值为 True 时，表示可以表示 3 种状态，即选中、没选中和中间态（CheckState.Checked、CheckState.Unchecked 和 CheckState.Indeterminate），属性值为 False 时，只能表示两种状态，选中和没选中
Text	设置控件显示的文本

CheckBox控件的主要事件有CheckedChanged和CheckStateChanged事件，它们在Checked或CheckState属性改变时发生，CheckedChanged是其默认事件。捕获的这些事件可以根据复选框的新状态设置其他值。注意，RadioButton控件和CheckBox控件都有CheckedChanged事件，但其结果有所不同。CheckBox控件的常用事件如表5-28所示。

表 5-28　CheckBox 控件的常用事件

事件名称	说　明
CheckedChanged	当复选框的 Checked 属性发生改变时，就引发该事件。注意在复选框中，当 ThreeState 属性为 True 时，单击复选框可能不会改变 Checked 属性。在复选框从 Checked 变为 indeterminate 状态时，就会出现这种情况
CheckStateChanged	当 CheckState 属性改变时，引发该事件。CheckState 属性的值可以是 Checked 和 Unchecked。只要 CheckState 属性改变了，就引发该事件。另外，当状态从 Checked 变为 indeterminate 时，也会引发该事件

【例5-8】选择体育运动。演示CheckBox控件的各属性、方法的使用。程序运行后，通过单击复选框显示用户选择的体育运动，如图5-63所示。

实现步骤如下：

（1）新建Windows窗体应用程序，项目名称为Eg5-8。

（2）设计程序界面，如图5-63所示。在窗体中设置一个

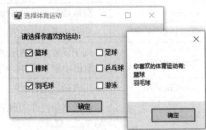

图 5-63　选择体育运动界面

GroupBox控件、一组CheckBox控件、一个Button控件btnOK。GroupBox控件将多个CheckBox控件归为一组，Text属性设置为"请选择你喜欢的运动："，同时，对各复选框控件对象进行选项的初始化。

（3）功能实现。

双击"确定"按钮，在按钮的单击事件中编写如下代码：

```
private void btnOK_Click(object sender, EventArgs e)
{
    string str="你喜欢的体育运动有:\r\n";
    if(chkBBall.Checked)
        str+="篮球\r\n";
    if(chkFBall.Checked)
```

```
        str+="足球\r\n";
    if(chkVBall.Checked)
        str+="排球\r\n";
    if(chkBaBall.Checked)
        str+="羽毛球\r\n";
    if(chkPBall.Checked)
        str+="乒乓球\r\n";
    if(chkSwimming.Checked)
        str+="游泳\r\n";
    MessageBox.Show(str);
}
```

（4）调试与运行，效果见图5-63。

二、DateTimePicker（日期）控件

DateTimePicker控件用于选择日期和时间，但它只能选择一个时间，而不是连续的时间段；用户也可以直接输入日期和时间。它的图标是 ▦ DateTimePicker。DateTimePicker控件可以用来显示时间和日期以及作为一个用户用以修改日期和时间信息的界面，控件显示包含由控件格式字符串定义的字段。DateTimePicker控件显示为两部分：一部分为下拉列表（以文本形式表示的日期），另一部分为网格（在单击列表旁边的下拉按钮时显示）。DateTimePicker控件的常用属性如表5-29所示。

表 5-29　DateTimePicker 控件的常用属性

属 性 名 称	说　　明
ForeColor	获取或设置 DateTimePicker 控件的前景色
BackColor	该值指示 DateTimePicker 控件的背景色
CustomFormat	用于设置自定义日期 / 时间的格式字符串，这个格式字符串由开发环境定义的枚举类型确定
Format	获取或设置控件中显示的日期和时间格式
Checked	获取或设置一个值，该值指示是否已用有效日期 / 时间值设置了 Value 属性且显示的值可以更新
ShowUpDown	用于设置是否显示调节数字的微调按钮，单击此按钮可以调整相应文本框中的内容。这个属性的取值决定了控件的内容
ShowCheckBox	用来确定是否在控件左侧显示复选框，取值为 true 显示，否则不显示
Value	表示当前控件的取值，这个值代表的是当前显示的时间。如果在代码中更改了 DateTimePicker 的 Value 属性，控件会自动更新并反映出新的设置

如果将DateTimePicker作为选取或编辑时间的控件，则将Format属性设置为Time，将ShowUpDown属性设置为True。Format属性用于设置DateTimePicker控件的日期和时间格式，Format属性是DateTimePickerFormat类型，DateTimePickerFormat枚举值及说明如表5-30所示。

表 5-30　Format 属性取值

事 件 名 称	说　　明	示　　例
Custom	DateTimePicker 控件以自定义格式显示日期 / 时间值	2019年05月
Long	DateTimePicker 控件以用户操作系统设置的长日期格式显示日期 / 时间值	2019年 5月 5日
Short	DateTimePicker 控件以用户操作系统设置的短日期格式显示日期 / 时间值	2019/ 5/ 5
Time	DateTimePicker 控件以用户操作系统设置的时间格式显示日期 / 时间值	11:04:47

以自定义格式在DateTimePicker控件中显示日期时，需要用到CustomFormat属性，此时该控件的Format属性必须设置为DateTimePickerFormat.Custom。通过组合格式字符串，可以设置日期和时间格式。常用日期格式字符串如表5-31所示。

表 5-31　常用日期格式字符串

格式字符串	说　明
d	一位数或两位数的天数
dd	两位数的天数，一位数天数的前面加一个 0
ddd	3 个字符的星期几缩写
dddd	完整的星期几名称
h	12 小时格式的一位数或两位数小时数
hh	12 小时格式的两位数小时数，一位数值前面加一个 0
H	24 小时格式的一位数或两位数小时数
HH	24 小时格式的两位数小时数，一位数值前面加一个 0
m	一位数或两位数分钟值
mm	两位数分钟值，一位数数值前面加一个 0
M	一位数或两位数月份值
MM	两位数月份值，一位数数值前面加一个 0
MMM	3 个字符的月份缩写
MMMM	完整的月份名
s	一位数或两位数秒数
ss	两位数秒数，一位数数值前面加一个 0
t	单字母 A.M./P.M 缩写（A.M 将显示为 A）
tt	两字母 A.M./P.M 缩写（A.M 将显示为 AM）
y	一位数的年份（2019 显示为 9）
yy	年份的最后两位数（2019 显示为 19）
yyyy	完整的年份（2019 显示为 2019）

例如：以下自定义日期格式代码，显示的日期控件格式为 █████ 05, 2019-星期日 ▾ 。

```
dateTimePicker1.Format=DateTimePickerFormat.Custom;
dateTimePicker1.CustomFormat="MMMM dd,yyyy-dddd";
```

要获取DateTimePicker控件中选择的日期，可以使用其Value属性的Year、Month、Day、Hour、Minute等属性获取相关的日期时间信息。ValueChanged是其默认事件，当日期值被改变时发生。

【例5-9】DateTimePicker控件使用示例。演示DateTimePicker控件相关属性、事件、方法的使用。程序运行后，把相关的日期时间信息显示在窗体上，效果如图5-64所示。

实现步骤如下：

（1）新建Windows窗体应用程序，项目名称为Eg5-9。

（2）设计程序界面，如图5-64所示。在窗体中设置一个DateTimePicker控件dateTimePicker1、几个相关的Label标签、显示结果的TextBox控件。在"属性"窗口中设置dateTimePicker1的Format属性为Long，当用户选择的日期变化时，把选定的日期结果显示到各对应文本框中。对各控件对象进行初始化定义。

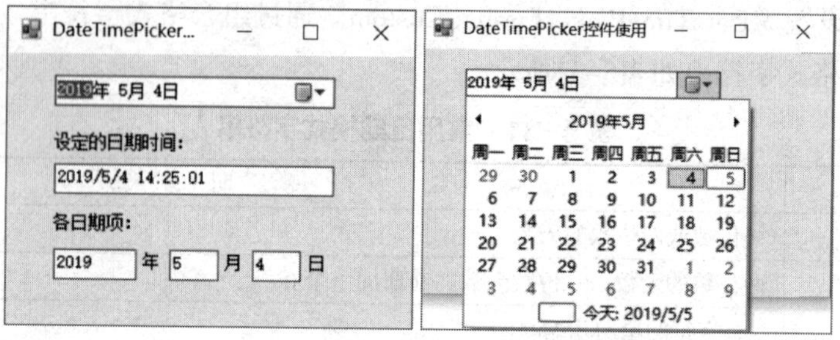

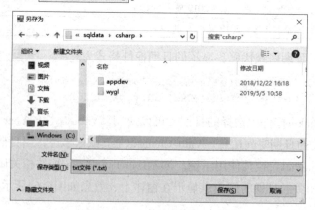

图 5-64　DateTimePicker 控件使用示例

（3）功能实现。

双击DateTimePicker控件，在其ValuChanged事件中编写如下代码：

```
private void dateTimePicker1_ValueChanged(object sender, EventArgs e)
{
    txtDate.Text=dateTimePicker1.Value.ToString();
    txtY.Text=dateTimePicker1.Value.Year.ToString();
    txtM.Text=dateTimePicker1.Value.Month.ToString();
    txtD.Text=dateTimePicker1.Value.Day.ToString();
}
```

（4）调试与运行，效果见图5-64。运行时，把日期改变一下，查看执行效果。

三、SaveFileDialog（保存文件对话框）控件

SaveFileDialog控件也是Windows操作系统中最常用的对话框，其功能是提示用户保存文件，其功能与OpenFileDialog控件的功能相对应，用于创建标准的Windows"另存为"对话框，外观如图5-65所示。它的图标是 📄 SaveFileDialog。

图 5-65　"另存为"对话框

SaveFileDialog控件在设计时，不直接显示在窗体中，只出现在窗体下方的窗格中。此外，也可以通过程序代码创建，语法格式如下：

```
SaveFileDialog sfd=new SaveFileDialog ();
```

通过设置SaveFileDialog控件的一些属性可以定制对话框、设置标题、筛选文件类型、初始打开目录等。表5-32列出了SaveFileDialog控件的常用属性。

表 5-32　SaveFileDialog 控件的常见属性

属 性 名 称	说　　　明
InitialDirectory	获取或设置文件对话框显示的初始目录
RestoreDirectory	设置对话框在关闭前是否还原当前目录（InitialDirectory 目录）
Filter	获取或设置当前文件名筛选器字符串，例如，" 文本文件 (*.txt)|*.txt| 所有文件 (*.*)|*.*"
FilterIndex	获取或设置文件对话框中当前选定筛选器的索引。注意，索引项从 1 开始
FileName	获取在文件对话框中选定保存文件的完整路径或设置显示在文件对话框中要保存的文件名
DefaultExt	获取或设置文件的默认扩展名
Title	获取或设置文件对话框标题
CheckFileExists	在对话框返回之前，如果用户指定的文件不存在，对话框是否显示警告
CheckPathExists	在对话框返回之前，如果用户指定的路径不存在，对话框是否显示警告
OverwritePrompt	在对话框返回之前，如果用户指定保存的文件名已存在，对话框是否显示警告
CreatePrompt	在保存文件时，如果用户指定的文件不存在，对话框是否提示 "用户允许创建该文件"
ShowHelp	设置文件对话框中是否显示 "帮助" 按钮

SaveFileDialog对象的属性可以通过 "属性" 窗口进行设置，也可以在程序运行时创建和设置。SaveFileDialog控件的FileName属性用于保存输入的文件名和路径，如保存文件时遇到同名文件已存在的情况，系统需要判断并询问用户是否覆盖，可通过OverwritePrompt、CreatePrompt等属性进行设置。

将 "保存文件对话框" 对象的属性设置完成后，调用其ShowDialog( )方法，显示 "另存为" 对话框。该方法返回一个DialogResult类型的值。如果用户在对话框中单击 "打开" 按钮，返回值为DialogResult.OK，否则为DialogResult.Cancel。通过SaveFileDialog对象的FileName属性可以获取待保存的文件名。编程方式与OpenFileDialog控件类似，此处不再赘述。

任务实施

"职苑物业管理系统" 的物业费管理功能主要包括物业费管理和物业费查询功能，设计物业费管理窗体和物业费查询窗体与用户进行数据交互。

在物业费管理窗体上，用户可以实现物业费信息的添加、修改和删除功能。添加物业费信息功能，用户可以直接在窗体上输入相关信息，单击 "保存" 按钮实现。为了用户操作方便，物业费的相关信息在窗体显示时会加载到DataGridView控件中。对DataGridView控件已有的物业费信息，用户可以在数据行上右击，在弹出的快捷菜单中选择 "修改" 和 "删除" 操作，此处操作与楼盘、住户信息管理窗体类似。执行 "删除" 操作时，直接把当前数据行对应的物业费信息删除；执行 "更新" 操作，需要把选中的数据行的信息加载到物业费信息输入控件中，用户修改物业费信息完毕后，单击 "更新" 按钮实现数据的保存。

在物业费查询窗体上，用户可以根据物业费缴纳日期、物业费状态（已交、未交）进行查询，如图5-66所示，输入查询条件后，单击 "查询" 按钮执行查询，查询的结果显示在DataGridView控件中。

图 5-66　物业费信息查询条件设置

在窗体的设计布局上，采用上下结构，与图5-45类似。上部为数据交互、命令执行区，主要为基本的窗体交互控件，下部为数据信息展示区，主要通过DataGridView控件展示数据。

在设计物业费管理窗体时，物业费的缴纳月份和缴纳时间通过DateTimePicker控件进行设计；是否已缴纳物业费通过CheckBox控件进行标识；用户应缴纳的物业费在用户输入门牌号后自动进行计算，结果显示在应交物业费文本框中，用户不能自行修改。

在设计物业费查询窗体时，提供了物业费缴纳日期、物业费缴纳状态作为条件的查询设置，日期设置可以手动输入，物业费缴纳状态用户可以选择。为使界面的设计有序、简洁，这里把与用户查询条件设置相关的操作通过GroupBox组件进行了分组。对于查询的结果，用户还可以导出数据，通过文件的方式进行查看。

具体实现步骤如下：

步骤1：新建住户信息管理窗体FrmWyfgl.cs。

步骤2：设计FrmWyfgl窗体。

物业费管理窗体布局主要分为上下两部分，上半部分用于用户输入物业费基本信息并执行相关的命令，下半部分用于物业费数据信息的展示。上半部分设计时，从工具箱的公共控件中向其中添加Label、DateTimePicker、CheckBox、TextBox、Button等控件；下半部分添加数据控件DataGridView，布局如图5-67所示。

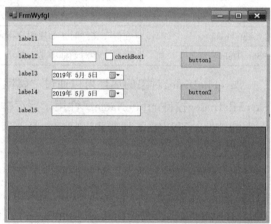

图 5-67　物业费管理窗体布局

步骤3：设置FrmWyfgl窗体中各控件的相关属性。

按照表5-33设置物业费管理窗体界面中各控件的主要属性值。

表 5-33　物业费管理窗体界面控件属性设置

对 象 名 称	属 性 名 称	属 性 值
窗体（Form）	Name	FrmWyfgl
	StartPosition	CenterScreen
	Text	物业费管理
标签（Label）1	Text	门牌号：
标签（Label）2	Text	应交物业费：
标签（Label）3	Text	缴费月份：
标签（Label）4	Text	收费日期：
标签（Label）5	Text	经办人：
标签（Label）6	Text	常住人口
标签（Label）7	Text	应交物业费
门牌号文本框（TextBox）1	Name	txtMph
应交物业费文本框（TextBox）2	Name	txtWyf
	ReadOnly	True

续表

对 象 名 称	属 性 名 称	属 性 值
经办人文本框（TextBox）3	Name	txtJbr
复选框（CheckBox）1	Name	chkWyf
	Text	缴费
缴费月份日期控件 （DateTimePicker）1	Name	dtPJfyf
	Format	Custom
	CustomFormat	yyyy 年 MM 月
	ShowUpDown	True
收费日期控件（DateTimePicker）2	Name	dtpRq
	Format	Long
按钮（Button）1	Name	btnSave
	Text	保存（注：当用户处于数据修改状态时，其值为"更新"）
按钮（Button）2	Name	btnExit
	Text	退出
DataGridView 控件对象	Name	dgvWyf

应交物业费文本框 txtWyf 的值由系统根据物业费收取规则进行自动计算，用户不能输入。DataGridView 控件的列标题和数据源属性可在绑定数据源时，根据数据源的格式进行设计和绑定。

步骤4：DataGridView控件上下文菜单设计。

对已有物业费信息的操作需要基于 ContextMenuStrip 控件实现。从工具箱中向 FrmWyfgl 窗体添加 ContextMenuStri 控件，通过"属性"窗口修改其 Name 属性为 cmsWyf，并参考图5-58所示进行上下文菜单的设计。在"保存"按钮与"更新"按钮显示文字的更换以及对上下文菜单对象 cmsWyf 的处理上，与楼盘管理、住宅管理任务的实现方式一致，这里不再赘述。

步骤5：新建住户信息查询窗体 FrmWyfSearch.cs。

步骤6：设计 FrmWyfSearch 窗体。

物业费查询窗体布局主要分为上下两部分，上半部分用于用户查询条件设置，下半部分用于查询结果信息的展示。上半部分设计时，从工具箱的公共控件中向其中添加 Label、GroupBox、RadioButton、TextBox、Button 等控件；下半部分添加数据控件 DataGridView，布局如图5-68所示。

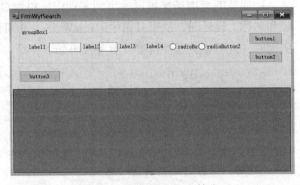

图 5-68　物业费查询窗体布局

步骤7：设置 FrmWyfSearch 窗体中各控件的相关属性。

按照表5-34设置物业费查询窗体界面中各控件的主要属性值。

表 5-34　物业费查询窗体界面中各控件属性设置

对 象 名 称	属 性 名 称	属 性 值
窗体（Form）	Name	FrmWyfSearch
	StartPosition	CenterScreen
	Text	物业费查询

续表

对象名称	属性名称	属性值
分组框（GroupBox）1	Text	查询
标签（Label）1	Text	时间：
标签（Label）2	Text	年
标签（Label）3	Text	月
标签（Label）4	Text	物业费：
年份文本框（TextBox）1	Name	txtYear
月份文本框（TextBox）2	Name	txtMonth
单元按钮（RadioButton）1	Name	rdbWyf1
	Text	已交
单元按钮（RadioButton）2	Name	rdbWyf2
	Text	未交
按钮（Button）1	Name	btnSearch
	Text	查询
按钮（Button）2	Name	btnExit
	Text	退出
按钮（Button）3	Name	btnSaveas
	Text	数据导出…
DataGridView 控件对象	Name	dgvHouse

　　DataGridView控件的列标题和数据源属性可在绑定数据源时，根据数据源的格式进行设计和绑定。根据缴费状态查询条件的不同，当选择"已交"状态进行查询时，物业费金额栏显示"已交物业费"，否则，显示"应交物业费"。

　　步骤8：SaveFileDialog对话框控件设计。

　　物业费的查询结果可以导出到文件中，可通过SaveFileDialog控件来让用户设定导出文件的路径和名称。设计时，从工具箱中向FrmWyfSearch窗体上添加SaveFileDialog控件sdfWyf，在具体编码实现时，进行相关属性设置，参考代码如下：

```
private void btnSaveas_Click(object sender, EventArgs e)
{
    sdfWyf.Filter="所有文件|*.*|txt文件|*.txt";
    if(sdfWyf.ShowDialog()==DialogResult.OK)
        WriteFile(sdfWyf.FileName);             //输出查询结果到文件中
}
```

　　步骤9：保存并运行程序。

　　程序运行后的效果见图5-61和图5-62。在实际运行时，也可以基于DataTable对象构建模拟数据。需要说明的是，运行前需修改相关窗体为启动窗体。

⚙ 延 伸 阅 读

一、FontDialog（字体对话框）控件

　　在文字处理中常用到字体，FontDialog控件用来打开一个标准的Windows字体选择对话框，允

许用户选择字体、字形、字号等选项，供应用程序设置使用。它的图标是 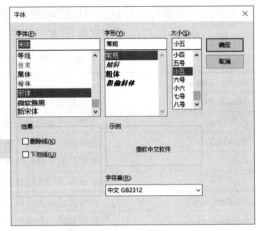 FontDialog 。在一些文字处理软件中，经常可以见到图5-69所示的字体对话框。

FontDialog控件可以通过工具箱拖放创建，此时在设计窗体的下方会出现一个FontDialog控件对象。也可以通过编码创建，语句如下：

```
FontDialog fontDialog1 = new FontDialog();
```

字体对话框的显示只能通过代码调用方法ShowDialog( )来实现。

FontDialog控件的常用属性如表5-35所示。

图 5-69　"字体"对话框

表 5-35　FontDialog 控件的常用属性

属性名称	说　明	属性名称	说　明
ShowColor	控制是否显示颜色选项	MaxSize	可选择的最大字号
AllowScriptChange	是否显示字体的字符集	MinSize	可选择的最小字号
Font	在对话框中显示的字体	ShowApply	是否显示"应用"按钮
Color	在对话框中选择的颜色	ShowEffects	是否显示下画线、删除线、字体颜色选项
FontMustExist	当字体不存在时是否显示错误	ShowHelp	是否显示"帮助"按钮

FontDialog控件常用编码示例如下：

```
FontDialog fontDialog=new FontDialog();
fontDialog.AllowScriptChange=true;                    //显示字体的字符集
fontDialog.ShowColor=true;                            //显示颜色选项
if(fontDialog.ShowDialog()!=DialogResult.Cancel)
{   label1.Font=fontDialog.Font;                      //将当前选定的文字改变字体
}
```

二、ColorDialog（颜色对话框）控件

ColorDialog控件也是常见的对话框之一，用来打开一个标准的Windows颜色选择对话框，允许用户从调色板中选择颜色或者在调色板中自定义颜色。它的图标是 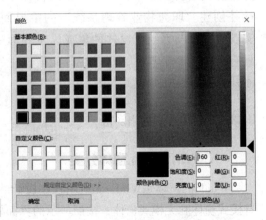 ColorDialog 。常见的颜色对话框如图5-70所示。

ColorDialog控件可以通过工具箱拖放创建，此时在设计窗体的下方会出现一个ColorDialog控件对象。也可以通过编码创建，语句如下：

```
ColorDialog colorDialog1=new ColorDialog ();
```

图 5-70　"颜色"对话框

颜色对话框的显示只能通过代码调用方法ShowDialog( )实现。

ColorDialog控件的常用属性如表5-36所示。

表5-36　ColorDialog 控件的常用属性

属 性 名 称	说　明
AllowFullOpen	禁止和启用"自定义颜色"按钮
FullOpen	是否最先显示对话框的"自定义颜色"部分
ShowHelp	是否显示"帮助"按钮
Color	在对话框中显示的颜色
AnyColor	显示可选择任何颜色
CustomColors	是否显示自定义颜色
SolidColorOnly	是否只能选择纯色

ColorDialog控件常用编码示例如下：

```
ColorDialog colorDialog=new ColorDialog();
colorDialog.AllowFullOpen=true;
colorDialog.FullOpen=true;
colorDialog.ShowHelp=true;
if(colorDialog.ShowDialog()==DialogResult.OK)
    label1.ForeColor=colorDialog.Color;
```

任务 6　系统主界面设计

任务导入

　　系统主界面是用户使用最多的部分，主界面设计与实现的好坏关系到整个项目，包括操作的方便、主模块界面的美观等。登录窗体是系统的入口，而系统主界面是一个软件功能使用的主要平台。本任务的目标是设计并创建"职苑物业管理系统"的主界面，实现主界面与系统子窗体的集成，主界面中具有菜单栏、工具栏、状态栏等元素，主界面外观如图5-71所示。

图 5-71　系统主界面

知识技能准备

一、WinForm 窗体分类

　　Windows窗体是WinForm应用程序设计的基础，Windows窗体按照打开的表现形式，可以分为有模式窗体和无模式窗体；按照显示的界面样式，可以分为单文档界面和多文档界面窗体。

1．有模式窗体和无模式窗体

有模式窗体运行时以独占的方式运行，简单地说就是，一个进程中的某模式窗体没有运行完毕（关闭）就不能使用其他窗体，直至关闭它为止，只有当前窗体关闭后其他窗体才可用。常见的对话框一般为这一类型的窗体。要显示一个有模式窗体，调用该窗体的ShowDialog( )方法即可。无模式窗体运行时可以切换到其他窗体进行操作，不管该无模式窗体是否关闭。要显示一个无模式窗体，调用该窗体的Show( )方法即可。

【例5-10】演示有模式窗体和无模式窗体的显示效果，如图5-72所示。

该项目有两个窗体，在一个窗体上摆放两个按钮"模式窗体"（Button1）和"无模式窗体"（Button2）。当单击"模式窗体"按钮时，以有模式窗体显示另一窗体；当单击"无模式窗体"按钮时，以无模式窗体显示另一窗体。有模式窗体弹出时，能操作另一窗体吗？比较两种显示效果。实现步骤如下：

图 5-72　窗体模式示例

（1）新建一个Windows窗体应用程序，项目名称为Eg5-10。

（2）在Eg5-10项目中，添加两个窗体Form1、Form2。

（3）在Form1窗体上添加两个按钮控件Button1、Button2，修改按钮Button1的Text属性为"模式窗体"，修改按钮Button2的Text属性为"无模式窗体"。

（4）双击"模式窗体"按钮，为该按钮添加Click事件处理程序，在生成的代码模板中添加如下代码：

```
Form2 f2=new Form2();
f2.ShowDialog();
```

（5）双击"无模式窗体"按钮，为该按钮添加Click事件处理程序，在生成的代码模板中添加如下代码：

```
Form2 f2=new Form2();
f2.Show();
```

（6）调试应用程序，仔细体会有模式窗体和无模式窗体的异同。程序运行结果见图5-72。

2．单文档界面和多文档界面

单文档界面（Single Document Interface，SDI）应用程序在某一时刻仅能支持一个文档，在打开另一个文档之前必须先关闭当前文档；而多文档界面（Multiple Document Interface，MDI）应用程序可以同时支持多个文档，每个文档在自己的窗体中显示，即C#允许在单个容器窗体中包含多个子窗体。MDI窗体的典型应用如Microsoft Office中Excel应用程序。

在项目中使用MDI窗体时，通常将一个MDI容器窗体作为父窗体，父窗体可以将多个子窗体包含在其工作区中，父窗体和子窗体之间表现出如下特性：

（1）父窗体是MDI程序中的一个公共窗体，只能有一个，在父窗体内有菜单、工具栏、状态栏等界面元素。

（2）所有子窗体都显示在父窗体的工作空间，用户只能在父窗体内任意移动或改变子窗体的大小。

（3）子窗体可以在父窗体内最大化、最小化，子窗体最大化时，标题显示在父窗体的标题栏上，最小化时，显示在父窗体的左下角。

（4）关闭子窗体不会影响其他窗体；关闭父窗体时，所有子窗体也随之关闭。

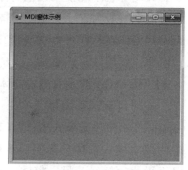

图 5-73　MDI 窗体设计效果

在C#.NET中，要创建MDI应用程序，首先要创建MDI窗体，一般方法是首先创建窗体应用程序，再将默认创建的Form1设置为MDI窗体。创建MDI父窗体非常简单，只需将普通窗体的IsMdiCtontainer属性值设置为True，普通窗体就成了MDI窗体，如图5-73所示。普通窗体成为父窗体后，其上仍然可以添加其他控件，但是父窗体的主要作用是作为子窗体的容器，因此一般情况下，父窗体上只添加菜单、工具栏和状态栏控件。

父窗体常用的属性、事件和方法如表5-37所示。

表 5-37　MDI 窗体常用成员

成　员	说　明
Name 属性	主窗体的名称，程序中标识主窗体类
IsMdiContainer 属性	是否作为主窗体，属性值设置为 True
Text 属性	设置或获取主窗体的标题
WindowState 属性	启动程序时主窗体的状态，一般为 Maximized 枚举值
MdiChildren 属性	获取该父窗体包含的子窗体数组
ActiveMdiChild 属性	获取 MDI 窗口中当前活动的子窗口
MdiChildActivate 事件	在 MDI 应用程序内激活或关闭 MDI 子窗体时发生
LayoutMdi( ) 方法	在 MDI 父窗体内排列多文档界面子窗体，该方法的参数为 MdiLayout 类型，可选值为 MdiLayout. ArrangeIcons（排列窗口）、MdiLayout.Cascade（级联排列）、MdiLayout.TitleHorizontal（水平平铺）和 MdiLayout.TitleVertical（垂直平铺）

MDI子窗体是MDI应用程序的重要元素，它们是用户交互的中心。在C#.NET中，窗体的父子关系是运行时建立的，只能在程序代码中设置，其方法是把窗体的MdiParent的属性值设置为MDI父窗体对象。多个子窗体可以通过LayoutMdi( )方法排列它们。

【例5-11】多文档应用程序练习，如图5-74所示。

该程序有一个父窗体，应用程序启动后，在父窗体中显示两个子窗体，水平级联排列两个子窗体。可在父窗体内通过鼠标对子窗体进行拖动、最大化、最小化、改变大小等操作。

步骤如下：

（1）新建一个Windows窗体应用程序，项目名称为Eg5-11。

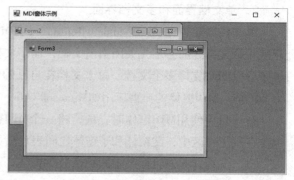

图 5-74　MDI 窗体示例

（2）在Eg5-11项目中，添加三个窗体Form1、Form2和Form3。

（3）把窗体Form1设置为MDI窗体，参照表5-38设置其相关属性。

表5-38 MDI 窗体属性设置

控　　件	属　　　性	属　　性　　值
Form1	IsMdiContainer	True
	Text	MDI 窗体示例
	WindowState	Maximized

（4）双击Form1窗体，为该窗体添加Load事件处理程序，在生成的方法体模板中添加如下代码：

```
private void Form1_Load(object sender, EventArgs e)
{
    Form2 f2=new Form2();
    f2.MdiParent=this;
    f2.Show();
    Form3 f3=new Form3();
    f3.MdiParent=this;
    f3.Show();
    this.LayoutMdi(MdiLayout.Cascade);
}
```

（6）调试应用程序，熟悉MDI窗体界面，进而通过鼠标操作子窗体。程序运行结果见图5-74。

二、ImageList（图像列表）控件

ImageList控件是一个图片集管理器，支持BMP、GIF、JPG、PNG和ICO等图像格式。它的图标是 🖼 **ImageList**。其属性Images用于保存多幅图片以备其他控件使用，其他控件可以通过ImageList控件的索引号和关键字引用ImageList控件中的每个图片。ImageList控件中所有图像都以同样的大小显示，该大小由ImageSize属性设置，较大的图像将缩小至适当的尺寸。

ImageList控件在运行期间是不可见的，因此添加一个ImageList控件时，它不会出现在窗体上，而是出现在窗体下方。ImageList控件不能独立使用，只是作为一个便于向其他控件提供图像的资料中心。ImageList一些常见的属性和方法如下所示：

1. ColorDepth属性

ColorDepth属性用来设置和获取ImageList控件中所存放的图片颜色深度，可取值为Depth4bit、Depth8bit、Depth16bit、Depth24bit、Depth32bit。

2. ImageSize属性

ImageSize属性用来定义列表中图像的高度和宽度（以像素为单位）大小。默认值是16×16，最大值是256×256。

3. Images属性

Images属性用来保存图片的集合，可通过属性设计器打开图像集合编辑器添加图片，如图5-75所示。

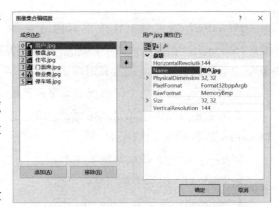

图 5-75 图像集合编辑器

图5-75中成员列表已添加了6幅图片，每幅图片都有索引号，从0开始；属性列表框显示了每幅图片的基本属性信息。Images是一个集合类型，提供了一些方法来管理图片集。Images的Count属性用来获取Images集合中图片的数目，Images主要通过Item子对象来管理图片集。Images.Item(index)中的index用来访问图像集合中索引号为index的图像。Images的Add( )、Clear( )、RemoveAt( )等方法用来添加和删除图片。ImageList还提供了一个Draw( )方法用于在指定的图像上进行绘图。

也可以基于编码的方式操作ImageList对象，参考代码如下：

```
ImageList imageList1=new ImageList();          //创建一个ImageList对象
imageList1.ImageSize=new Size(64,64);
Image img=Image.FromFile(Path, true);          //创建一个Image对象
imageList1.Images.Add(img);                     //使用Images属性的Add()方法向控件中添加图像
```

三、MenuStrip（菜单栏）控件

在Windows程序设计中，菜单是用户与程序交互的首选工具。菜单是软件界面设计的一个重要组成部分，它描述了软件的大致功能和风格，所以在程序设计中处理好、设计好菜单，对于软件开发是否成功有较重要的意义。菜单的本质就是提供将不同命令分组归类，提供命令操作的一致接口，使用户易于访问，通过支持使用访问键启动键盘快捷方式，达到快速操作软件的目的。菜单可以分为菜单栏、主菜单和子菜单3个组成部分，如图5-76所示。

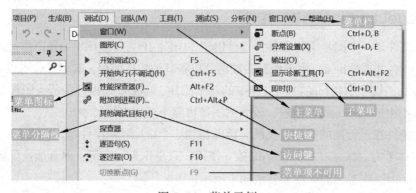

图 5-76　菜单示例

MenuStrip控件是窗体菜单结构的容器，主要用于生成所在窗体的主菜单。它的图标是 MenuStrip 。在设计窗体中添加MenuStrip控件后，会在窗体上显示一个菜单栏，可以直接在此菜单栏上编辑各主菜单项及其对应的子菜单项，也可以右击对应的菜单项修改项的类型；当菜单的结构建立后，再为每个菜单项编写事件代码，即可完成窗体菜单的设计。

菜单主要由菜单项MenuItem对象组成，可以在需要的情况下在菜单中添加文本框、组合框等。MenuItem菜单项的属性有：

➢ Text：设置和获取菜单项文本。

➢ Enabled：指示菜单项是否可用。

➢ Shortcut：与菜单关联的快捷键设置。

➤ Checked：指示选中标记是否出现在菜单项文本的旁边。

➤ Image：设置显示在菜单项旁边的图像。

➤ Visible：指示菜单项是否可见。

在设计菜单时，如果在菜单文本中添加一个"&"字符，则表示其后的键为菜单项的快捷访问键，此时"&"后的字符将显示成下画线的形式。如"&Copy"表示为"Copy"，可以按【Alt+C】组合键快捷访问菜单。当菜单文本为"–"时，表示此菜单项为一条横线。菜单项旁的快捷键【Ctrl+…】的形式，可以通过在"属性"窗口中设置ShortcutKeys属性进行设定，这样可以在不打开菜单的情况下直接通过快捷键执行菜单命令。上述菜单设计形式见图5-76。

MenuStrip菜单的设计与ContextMenuStrip快捷菜单的设计类似，可以直接进行可视化设计。在进行菜单设计时，单击待设计菜单项的下拉按钮可以进行多种菜单项设定，如图5-77所示。在设计菜单项时，也可以在"属性"窗口中打开MenuStrip菜单的Items属性的"项集合编辑器"，在"项集合编辑器"中进行菜单的设计和属性的修改，如图5-78所示。

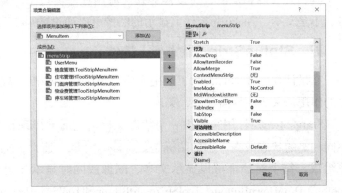

图 5-77　菜单项设计　　　　　　　　　　图 5-78　项集合编辑器

四、ToolStrip（工具栏）控件

在菜单栏中将常用的菜单命令以工具栏按钮的形式显示，并作为快速访问方式。工具栏位于菜单栏下方，由许多命令按钮组成，每个命令按钮上都有一个形象的小图标，以标识命令按钮的功能。由于工具栏这种直观易用的特点，使其成为Windows应用程序的标准界面。

ToolStrip控件用于创建窗体的工具栏。它的图标是 ▦ ToolStrip 。ToolStrip控件功能强大，它可以将一些常用的控件单元作为子项放在工具栏中，通过各个子项同应用程序发生关系。常用的子项有Button、Label、SplitButton、DropDownButton、Seperator、ComboBox、TextBox和ProgressBar等。这些子项直接用于工具栏时，使用一组基于抽象类ToolStripItem的控件。ToolStripItem可以添加公共显示和布局功能，并管理控件使用的大多数事件。

工具栏中可添加不同类型的子控件。单击ToolStrip控件的下拉按钮，在菜单中选择不同子项，如图5-79所示。

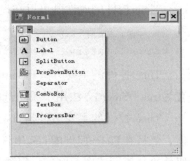

图 5-79　工具栏中可添加的子控件

ToolStrip控件中有些项直接派生于ToolStripItem抽象类控件，如表5-39所示。

表 5-39　和 ToolStrip 关联的控件列表

控　件	说　明
ToolStripButton	表示用户可以选择的按钮
ToolStripLabel	表示一个标签，它还可以显示图像
ToolStripSeparator	各项之间的水平或垂直分隔符
ToolStripDropDownItem	显示下拉选项；是 ToolStripDropDownButton、ToolStripMenuItem 和 ToolStripSplitButton 的基类
ToolStripComboBox	表示一个组合框
ToolStripSplitButton	表示一个右端带有下拉按钮的按钮，单击该下拉按钮就会在它的下面显示一个菜单
ToolStripProgressBar	表示一个进度条
ToolStripTextBox	表示一个文本框

把ToolStrip控件添加到窗体上时和MenuStrip类似，只是在右边多了排列的四个点，这些点表示工具栏是可以移动的，可以停靠在父应用程序窗口中。默认情况下，ToolStrip控件显示的是图像，不是文本。ToolStrip控件上显示的图像可以通过ImageList控件提供资源。

五、StatusStrip（状态栏）控件

在设计程序界面时，为了规范界面，可以将一些控件放置在状态栏中，这样既能起到控制程序的作用，又能使界面和谐、美观。

StatusStrip控件用来提供一个状态窗口，它通常出现在窗体的底部。通过它，应用程序显示不同种类的状态数据。它的图标是 StatusStrip 。通常，StatusStrip控件由ToolStripStatusLabel对象组成，每个对象都可以显示文本、图像或同时显示二者。另外，StatusStrip控件还可以包含ToolStripDropDownButton、ToolStripSplitButton和ToolStripProgressBar等控件。

六、Timer（计时器）控件

Timer控件用于有规律地间隔一段时间执行一次代码。只有在程序设计过程中看得见，运行时看不见，是一个后台运行的控件。它的图标是 Timer 。

Timer控件的常用属性有：

➤ Enabled：获取或设置计时器是否正在运行。

➤ Interval：计时器执行的时间间隔（单位为毫秒），默认值为100。

Timer控件的属性既可以在设计阶段设置，也可以在运行程序的过程中设置，例如：

```
timer1.Enabled=true;
timer1.Interval=1000;
```

Timer控件的主要方法有Start( )和Stop( )。Start( )方法用于打开计时器，并自动将Enabled属性设置为true；Stop( )方法用于关闭计时器，并自动将Enabled属性设置为False。

Timer控件的主要事件是Tick，它是默认事件。在程序设计过程中，需要先设置Interval属性的值，然后在Timer控件的Tick事件中编写代码。每间隔Interval属性中设置的时间，Tick事件中的代码就重复执行一次。例如，每隔1 000 ms显示一次系统时间，可以很方便地制作系统时钟。

【例5-12】基于Timer控件实现倒计时。效果如图5-80所示。

实现步骤如下：

（1）新建一个Windows窗体应用程序，项目名称为Eg5-12。

图 5-80　"倒计时"效果

（2）设计程序界面，如图5-80所示。在窗体中设置一个Label控件，用于显示倒计时数字，可初始化为10；添加一个按钮，用于倒计时的启动；再设置一个Timer控件，将其Enabled属性设置为False，Interval属性设置为1 000 ms。对各控件对象进行初始化。

（3）功能实现。

双击"开始倒计时"按钮，在按钮的单击事件中编写如下代码：

```
private void btnStart_Click(object sender, EventArgs e)
{
    timer1.Enabled=true;
}
```

双击计时器控件，在其Tick事件中编写如下代码：

```
private void timer1_Tick(object sender, EventArgs e)
{   //获取标签上的数字将其减1
    lblNum.Text=(int.Parse(lblNum.Text)-1).ToString();
    if(lblNum.Text=="0")
    {
        timer1.Enabled=false;
        MessageBox.Show("倒计时结束");
    }
}
```

（4）调试与运行，效果见图5-80。

任务实施

系统主界面是用户进入系统后使用最多的操作界面，以简单、清楚、美观、响应快速等方式展现在用户面前。菜单栏、工具栏、状态栏等控件是主界面必不可少的元素。通过菜单，将系统各功能分门别类地罗列在一起，用户通过菜单来调用其他窗体。工具栏集合了常用的菜单功能，让用户的使用更加便捷。状态栏显示了关于系统的重要信息。

"职苑物业管理系统"的主界面包括菜单栏、工具栏、主要操作区、状态栏等内容。菜单栏显示了系统能够执行的各个功能命令，工具栏显示了系统常用的功能命令，操作区是显示各业务模块子窗体并进行数据交互的区域。

"职苑物业管理系统"菜单栏的设计基于MenuStrip控件进行实现，根据图1-2系统功能结构图设置各主菜单及子菜单的名称及布局。"职苑物业管理系统"工具栏基于带图片的ToolStrip按钮实现，主要涵盖用户管理、楼盘信息输入、住宅信息输入、门面房信息输入、物业费收取、停车场收费等常用命令，同时，在其上也显示了当前登录的用户名和已登录使用时间。操作区主要基于MDI窗体实现，提供各功能模块的子窗体显示和操作界面，基于前面已实现的系统各功能模块进行系统的集成。最下面是系统状态栏。

具体实现步骤如下：

步骤1：新建住户信息管理窗体FrmMain.cs。

步骤2：设计FrmMain窗体。

按照表5-40所示设计系统主窗体的属性。

表 5-40　FrmMain 窗体属性

属 性 名 称	属 性 值	属 性 名 称	属 性 值
Name	FrmMain	WindowState	Maximized
Text	职苑物业管理系统	IsMdiContainer	True
Size	970*683		

步骤3：为主窗体添加菜单控件，并设置菜单项。

从工具箱的"菜单和工具栏"选项卡中选择MenuStrip控件，添加到窗体界面中，如图5-81所示。

在菜单栏中添加菜单项。首先建立主菜单，再建立子菜单项。根据图1-2系统功能结构图设计系统菜单，共创建6个主菜单项。输入菜单文本的方法十分简单，只要单击系统提示的文本"请在此处键入"，然后输入自己定义的菜单项即可。图5-82所示为设计好的系统菜单项，各菜单项的属性设置如表5-41所示。

图 5-81　添加 MenuStrip 控件

图 5-82　系统主界面菜单

表 5-41　系统主界面菜单项属性设置

主 菜 单 项	子 菜 单 项	属 性 名 称	属 性 值
用户管理 (U)	用户管理 (U)	Name	用户管理 ManagerMenuItem
		Text	用户管理 (&U)
		ShortcutKeys	CTRL+U
	退出 (X)	Name	exitToolStripMenuItem
		Text	退出 (&X)
楼盘管理 (L)	楼盘信息输入	Name	楼盘信息输入 ToolStripMenuItem
		Text	楼盘信息输入
	楼盘信息查询	Name	楼盘信息查询 ToolStripMenuItem
		Text	楼盘信息查询
住宅管理 (H)	住宅信息输入	Name	住宅信息输入 ToolStripMenuItem
		Text	住宅信息输入
	住宅信息查询	Name	住宅信息查询 ToolStripMenuItem
		Text	住宅信息查询
门面房管理 (S)	门面房管理	Name	门面房管理 ToolStripMenuItem
		Text	门面房管理
	门面房查询	Name	门面房查询 ToolStripMenuItem
		Text	门面房查询

续表

主 菜 单 项	子 菜 单 项	属 性 名 称	属 性 值
物业费管理 (W)	物业费收取	Name	物业费 ToolStripMenuItem
		Text	物业费收取
	物业费统计查询	Name	物业费查询 ToolStripMenuItem
		Text	物业费统计查询
停车场管理 (C)	停车收费	Name	停车收费 ToolStripMenuItem
		Text	停车收费
	停车收费统计查询	Name	停车收费统计查询 ToolStripMenuItem
		Text	停车收费统计查询

步骤4：子窗体集成。

"职苑物业管理系统"菜单命令大部分是显示其他窗体，前面已经开发好了各模块的窗体界面，在此集成到主窗体界面中即可。以"楼盘信息输入"菜单项为例，学习通过菜单命令打开任务2中设计的"楼盘信息输入"窗体FrmBuilding，其他菜单项的实现方法与此相仿，大家可自行完成。

双击"楼盘管理"主菜单下的"楼盘信息输入"子菜单项，进入该菜单项的Click事件处理程序，编码如下：

```
private void 楼盘信息输入ToolStripMenuItem_Click(object sender, EventArgs e)
{
    FrmBuilding frm=new FrmBuilding();
    frm.MdiParent=this;
    frm.Show();
}
```

代码先生成FrmBuilding窗体实例对象，把其父窗体设置为当前所在的系统主界面窗体，调用FrmBuilding窗体实例对象的Show( )方法在主界面中显示。

根据同样的方法，可以修改任务1中的用户登录窗体的"登录"按钮事件处理代码，当登录成功后显示主界面窗体FrmMain。

步骤5：为主窗体添加工具栏控件，设置6个工具栏项。

从工具箱的"菜单和工具栏"选项卡中选择ToolStrip控件，添加到窗体界面中，如图5-83所示。

在工具栏上单击下拉按钮，在弹出的下拉菜单中选择Button添加快捷按钮，共添加6个。用同样的方式，在6个Button快捷按钮后添加一个Separator分隔线，其后添加一个Label快捷标签用于显示登录用户信息，其后再添加一个Separator分隔线，最后再添加一个Label快捷标签用于显示系统用户已登录时间。图5-84所示为设计好的系统工具栏项，各工具栏项的属性设置如表5-42所示。

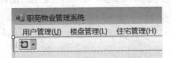

图 5-83　添加 ToolStrip 控件

图 5-84　系统工具栏

表 5-42　工具栏项属性设置

控件类型	属性名称	属性值
Button 1	Name	userTSpBtn
	Text	用户管理
	ToolTipText	用户管理
Button 2	Name	BuildingtSBtn
	Text	楼盘信息输入
	ToolTipText	楼盘信息输入
Button 3	Name	HousetSBtn
	Text	住宅信息输入
	ToolTipText	住宅信息输入
Button 4	Name	shoptSBtn
	Text	门面房信息输入
	ToolTipText	门面房信息输入
Button 5	Name	WyftSBtn
	Text	物业费收取
	ToolTipText	物业费收取
Button 6	Name	CarTSBtn
	Text	停车收费
	ToolTipText	停车收费
Separator 1	Name	toolStripSeparator1
Label 1	Name	UsertSLbl
	Text	当前用户:
Separator 2	Name	toolStripSeparator2
Label 2	Name	tSLbltime
	Text	0:0:0

　　为在工具栏按钮上实现图片按钮，这里需要创建一个ImageList控件对象，用于提供图片资源，在主界面窗体载入时通过编码方式绑定到工具栏的各Button按钮上（注：在设计时也可以通过Button按钮的Image属性指定）。从工具箱的"组件"选项卡中添加ImageList控件到主窗体上，通过"属性"窗口的Images属性打开"图像集合编辑器"对话框，添加图片资源。

　　工具栏上用户已登录时间功能的实现需要一个Timer计时器控件，以便实现计时功能。从工具箱的"组件"选项卡中添加Timer控件到主窗体上，设置其Interval属性值为1 000 ms。

　　步骤6：工具栏各按钮的功能设计。

　　在工具栏各按钮上双击进入其Click事件处理程序编码，为按钮提供功能。工具栏中按钮的功能与对应的菜单项功能一致，可按照菜单项的事件处理代码进行编写。实现思路与菜单项一致，不再赘述。

　　步骤7：为主窗体添加状态栏控件。

　　从工具箱的"菜单和工具栏"选项卡中选择StatusStrip控件，添加到窗体界面中。

　　步骤8：保存并运行程序。

　　程序运行后的效果如图5-85所示。可通过相应的菜单、工具栏命令，查看窗体运行情况。

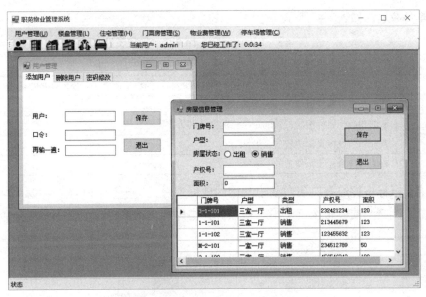

图 5-85　系统主界面运行效果

知 识 拓 展

在实际的Windows应用程序开发过程中，工具箱内还提供了其他控件供使用，以便开发出满足一定需求的更便捷的用户交互界面，下面进一步拓展学习Windows应用程序开发常用窗体控件，同时，对Windows应用程序的事件处理机制进行进一步的探讨。

一、鼠标、键盘事件处理

事件（Event）通常指一个用户操作（如按键、单击、鼠标移动等），或者是一些出现（如系统生成的通知）。应用程序需要在事件发生时响应事件。事件用于进程间通信。

1. 鼠标事件

鼠标事件是指用户操作鼠标时，鼠标与控件或窗体交互时所触发的事件，如单击、鼠标移动等。C#支持的常用鼠标事件包括：

➢ MouseHover：当鼠标悬停在控件上时发生。

➢ MouseLeave：当鼠标指针离开控件时发生。

➢ MouseEnter：当鼠标指针进入控件时发生。

➢ MouseMove：当鼠标指针在控件上移动时发生。

➢ MouseDown：当用户在控件上按下鼠标键时发生。

➢ MouseUp：当用户在控件上按下鼠标键被释放时发生。

当鼠标事件发生时，如果鼠标指针位于窗体就由窗体识别鼠标事件，如果位于控件上，就由控件识别。如果按下鼠标不放，则对象继续识别鼠标事件。鼠标事件处理方法接受类型为object和MouseEventArgs的两个参数，通过引用该对象的属性可以获取一些信息。

响应MouseUp、MouseDown、MouseMove事件时，可以通过MouseEventArgs参数获取鼠标的状

态信息，具体参数属性如表5-43所示。

表5-43　MouseEventArgs 参数属性

属 性 名 称	说　　明
Button	获取按下的是哪个鼠标按键。其值为 MouseButtons 的枚举值之一：Left、Middle、Right、None
Clicks	获取按下并释放鼠标按键的次数
Delta	获取相应于鼠标滚轮旋转的定位器的数量的带字符整数值
X	获取当前鼠标光标位置的 x 坐标
Y	获取当前鼠标光标位置的 y 坐标

【例5-13】鼠标事件综合应用。基于常用的鼠标事件，实现如下功能：在窗体标题栏显示当前鼠标的位置、判断当前哪个按键单击了窗体、在窗体的文本框控件上显示鼠标是否移入当前文本框。运行效果如图5-86所示。

图 5-86　鼠标事件综合应用效果

实现步骤如下：

（1）新建一个Windows窗体应用程序，项目名称为Eg5-13。

（2）设计程序界面，如图5-86所示。在窗体中设置一个TextBox控件txtTest，其Text属性为"鼠标移入或离开我！"。窗体的ControlBox属性值设置为False。

（3）功能实现。

选中Windows窗体，在"属性"窗口中单击 ⚡ 图标，在窗体支持的事件列表中找到MouseMove事件，在事件名上双击，进入事件处理代码编写：

```
private void Form1_MouseMove(object sender, MouseEventArgs e)
{
    this.Text="鼠标坐标("+e.X+","+e.Y+")";
}
```

同理，编写窗体的MouseDown事件处理代码：

```
private void Form1_MouseDown(object sender, MouseEventArgs e)
{
    if(e.Button==MouseButtons.Left)
        MessageBox.Show("按下了鼠标左键");
    else if(e.Button==MouseButtons.Right)
        MessageBox.Show("按下了鼠标右键");
    else
        MessageBox.Show("按下了鼠标中键");
}
```

选中文本框txtTest控件，在"属性"窗口中单击 ⚡ 图标，在文本框支持的事件列表中找到

MouseEnter事件，在事件名上双击，进入事件处理代码编写：

```
private void textBox1_MouseEnter(object sender, EventArgs e)
{
    txtTest.Text="鼠标移入了文本框";
}
```

同理，编写窗体的MouseLeave事件处理代码：

```
private void txtTest_MouseLeave(object sender, EventArgs e)
{
    txtTest.Text="鼠标移出了文本框";
}
```

（4）调试与运行，测试鼠标各事件的响应情况，熟悉鼠标事件的使用。

2. 键盘事件

键盘事件是指与键盘相关的事件。当按下键盘上一个键时，会产生一个键盘事件。控件的键盘事件有：

➢ KeyDown：按下任意键时发生。

➢ KeyUp：按键被释放时发生。

➢ KeyPress：按下具有ASCII码的键时发生。

事件触发顺序为：KeyDown → KeyPress → KeyUp。KeyPress事件不能对系统功能键（如后退、删除等，其中对中文输入法不能有效响应）进行正常的响应，KeyDown和KeyDown均可以对系统功能键进行响应。

KeyPress键盘事件处理方法接受类型为object和KeyPressEventArgs两个参数，通过KeyPressEventArgs参数的KeyChar属性来获取按键对应的字符。

例如：为窗体对象Form1添加KeyPress键盘事件处理代码，获取用户按下的是哪个键，编码如下：

```
private void Form2_KeyPress(object sender, KeyPressEventArgs e)
{
    MessageBox.Show("你按下了键："+e.KeyChar.ToString());
}
```

KeyDown、KeyUp键盘事件处理方法接受类型为object和KeyEventArgs两个参数，通过KeyEventArgs参数的多个重要属性，可以获取当前按键的相关信息。KeyEventArgs参数的属性如表5-44所示。

表5-44　KeyEventArgs 参数属性

属 性 名 称	说　　明
Alt	获取一个值，该值指示是否曾按下【Alt】键
Control	获取一个值，该值指示是否曾按下【Ctrl】键
Handled	获取或设置一个值，该值指示是否处理过此事件
KeyCode	获取 KeyDown 或 KeyUp 事件的键盘代码
KeyData	获取 KeyDown 或 KeyUp 事件的键数据
KeyValue	获取 KeyDown 或 KeyUp 事件的键盘值
Modifiers	获取 KeyDown 或 KeyUp 事件的修饰符标志。这些标志指示按下的【Ctrl】、【Shift】和【Alt】键的组合
Shift	获取一个值，该值指示是否曾按下【Shift】键
SuppressKeyPress	获取或设置一个值，该值指示键事件是否应传递到基础控件

二、RichTextBox（富文本框）控件

RichTextBox控件可用于显示、输入和操作格式文本，除了可以实现TextBox的所有功能，还能提供富文本的显示功能。它的图标是 RichTextBox。控件除具有TextBox 控件的所有功能外，还能设定文字颜色、字体和段落格式，支持字符串查找功能，支持RTF格式等功能。

RichTextBox控件的常用属性如表5–45所示。

表5–45　RichTextBox 控件的常用属性

属 性 名 称	说　明
SelectedText	获取或设置 RichTextBox 内的选定文本
SelectionLength	获取或设置控件中选定的字符数
SelectionStart	获取或设置文本框中选定的文本起始点
SelectionFont	获取或设置选中的文本或插入点的字体
SelectionColor	获取或设置选中的文本或插入点的文本颜色
SelectionAlignment	获取或设置应用到当前选定内容或插入点的对齐方式
Lines	字符串数组。记录输入到 RichText 控件中的所有文本，每按两次【Enter】键之间的字符串是该数组的一个元素
Modifyed	记录用户是否已修改控件中的文本内容。若已修改，该属性值自动设置为 true
HideSelection	设置当焦点离开该控件时，选定的文本是否保持突出显示。值为 False 时突出显示
Rtf	获取或设置 RichTextBox 控件的文本，包括所有 RTF 格式代码
SelectedRtf	获取或设置控件中当前选择的 RTF 格式的格式化文本

RichTextBox控件的常用事件有：

➤ SelectionChange：控件中选中的文本发生改变时，触发该事件。

➤ TextChanged：控件中的文本内容发生改变时，触发该事件。

RichTextBox控件的常用方法有：

➤ Clear( )：清除RichText控件中用户输入的所有内容。

➤ Copy( )、Cut( )、Paste( )：实现RichText控件的剪贴板功能。

➤ SelectAll( )：选中控件中的所有文本。

➤ Find( )：实现查找功能。

➤ SaveFile( )：保存为文本文件（*.txt）或RTF文件（*.rtf）。

➤ LoadFile( )：加载文本文件（*.txt）或RTF文件（*.rtf）。

➤ Undo( )方法、Redo( )方法：撤销上一次编辑操作、重做上次撤销的编辑操作。

【例5–14】写字板。基于RichTextBox控件实现一个简单的记事本功能。该程序运行后，显示写字板窗体，单击相应按钮，实现写字板的不同功能，如图5–87所示。

实现步骤如下：

（1）新建一个Windows窗体应用程序，项目名称为Eg5–14。

（2）设计程序界面，如图5–87所示。初始化各组件的属性值。

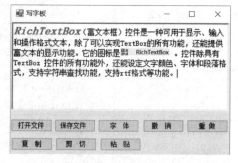

图 5–87　写字板窗体界面

（3）程序功能实现代码如下：

```
public partial class Writer : Form
{
    public Writer()
    {
        InitializeComponent();
    }
    private void btnOpenFile_Click(object sender, EventArgs e)
    {
        OpenFileDialog ofdlg=new OpenFileDialog();
        ofdlg.DefaultExt="*.rtf";
        ofdlg.Filter="rtf文件(*.rtf)|*.rtf|所有文件(*.*)|*.*";
        if (ofdlg.ShowDialog()==DialogResult.OK && ofdlg.FileName.Length>0)
        {
            richTextBox1.LoadFile(ofdlg.FileName, RichTextBoxStreamType.RichText);
        }
    }
    private void btnSaveFile_Click(object sender, EventArgs e)
    {
        SaveFileDialog sfdlg=new SaveFileDialog();
        sfdlg.Title="保存";
        sfdlg.FileName="*.rtf";
        sfdlg.Filter="rtf文件(*.rtf)|*.rtf|所有文件(*.*)|*.*";
        sfdlg.DefaultExt="*.rtf";
        if(sfdlg.ShowDialog()==DialogResult.OK && sfdlg.FileName.Length > 0)
        {
            richTextBox1.SaveFile(sfdlg.FileName, RichTextBoxStreamType.RichText);
        }
    }
    private void btnFont_Click(object sender, EventArgs e)
    {
        FontDialog fdlg=new FontDialog();
        fdlg.ShowColor=true;
        if(fdlg.ShowDialog()!=DialogResult.Cancel)
        {
            richTextBox1.SelectionFont=fdlg.Font;
            richTextBox1.SelectionColor=fdlg.Color;
        }
    }
    private void btnUndo_Click(object sender, EventArgs e)
    {
        richTextBox1.Undo();
    }
    private void btnCopy_Click(object sender, EventArgs e)
    {
        richTextBox1.Copy();
    }
    private void btnCut_Click(object sender, EventArgs e)
    {
        richTextBox1.Cut();
    }
    private void btnPaste_Click(object sender, EventArgs e)
    {
        richTextBox1.Paste();
    }
    private void btnRedo_Click(object sender, EventArgs e)
```

```
        {
            richTextBox1.Redo();
        }
}
```

（4）调试与运行，测试写字板功能，熟悉RichTextBox控件的使用。

三、TreeView 控件

TreeView控件用来显示信息的分级视图，如同Windows资源管理器的目录。它的图标是
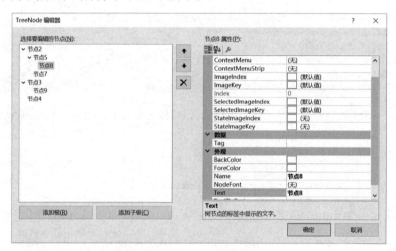。TreeView控件的各项信息都有一个与之相关的Node对象。TreeView显示Node对象的
分层目录结构，每个Node对象均由一个Label对象和其相关位图组成。在建立TreeView控件后，可
以展开或折叠、显示或隐藏其中的节点。TreeView控件一般用来显示文件和目录结构、文档中的
类层次、索引中的层次和其他具有分层目录结构的信息。

TreeView控件的Nodes属性保存具体的层次节点集合信息。通过可视化的"TreeNode编辑器"，
很容易设计一个树节点层次结构，如图5-88所示。

图 5-88　TreeNode 编辑器

也可以通过编码的方式操作TreeView控件：
（1）加入子节点：

```
TreeNode tmp=new TreeNode("节点名称");          //创建一个节点对象，并初始化
treeView1.SelectedNode.Nodes.Add(tmp);          //在TreeView组件中加入子节点
```

（2）加入兄弟节点：

```
treeView1.SelectedNode.Parent.Nodes.Add(tmp);
```

（3）删除节点：

```
treeView1.SelectedNode.Remove();
```

（4）展开节点：

```
treeView1.SelectedNode.ExpandAll();
```

小 结

本单元实现了"职苑物业管理系统"的主要窗体设计，结合项目任务介绍了Windows应用程序中常用控件的使用，如Button控件、TextBox控件、ComboBox控件、RadioButton控件、DataGridView控件、ContextMenuStrip控件、MenuStrip控件、OpenFileDialog对话框等，在知识技能准备部分还给出了相关控件的示例。对窗体设计、菜单设计、窗体布局等知识也进行了学习，并探讨了Windows事件处理机制。读者在学习过程中要能举一反三，灵活掌握各控件的使用方法，为Windows窗体编程打下良好基础。

实 训

实训1：设计门面房管理窗体界面。

门面房管理功能与楼盘管理、住房管理功能类似，基于已实现的楼盘管理、住房管理功能窗体界面的设计，实现门面房管理功能的窗体设计。实现思路与楼盘管理、住房管理功能窗体界面设计一致。

【实训任务】

门面房是"职苑物业管理系统"重要的管理内容之一，通过门面房管理可以实现对小区门面房基本信息的管理。本实训任务将创建"门面房管理"窗体，用户可以对小区的门面房信息进行浏览、添加、修改和删除等操作。门面房管理窗体界面主要包括门面房信息管理和门面房信息查询两个操作界面。门面房信息管理界面可实现用户对门面房信息的添加、修改和删除等功能。门面房信息查询界面可实现门面房信息的浏览和查询功能。设计界面如图5-89和图5-90所示。

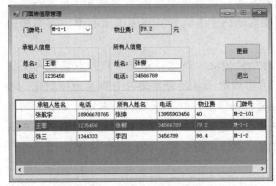

图 5-89 门面房信息管理界面

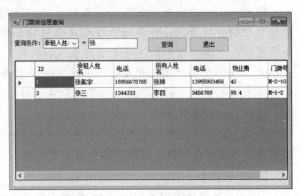

图 5-90 门面房信息查询界面

【实现思路】

"职苑物业管理系统"的门面房管理功能主要包括门面房信息管理和门面房信息查询功能，设计门面房信息管理窗体和门面房信息查询窗体与用户进行数据交互。

在门面房信息管理窗体上，用户可以实现门面房信息的添加、修改和删除功能。添加门面房信息功能，用户可以直接在窗体上输入相关信息，单击"保存"按钮实现。为了用户操作方便，门面房的相关信息在窗体显示时会加载到DataGridView控件中。对DataGridView控件已有的门面房信息，用户可以在数据行上右击，在弹出的快捷菜单中选择"修改"和"删除"操作，此处操作与楼盘信息管理、住宅信息管理窗体类似。执行"删除"操作时，直接把当前数据行对应的门面房信息删除；执行"修改"操作，需要把选中数据行的信息加载到门面房信息输入控件中，用户修改门面房信息完毕后，单击"更新"按钮实现数据的保存。

在门面房信息查询窗体上，用户可以根据房屋的门牌号、承租人姓名、所有人姓名进行查询，如图5-91所示。选定查询方式，输入查询内容后，单击"查询"按钮执行查询，查询的结果显示在DataGridView控件中。

图 5-91　门面房信息查询方式设置

在窗体设计布局上，采用上下结构，与图5-45类似。上部为数据交互、命令执行区，主要为基本的窗体交互控件，下部为数据信息展示区，主要通过DataGridView控件展示数据。在设计门面房信息管理窗体时，为使界面的设计有序、简洁，这里把与承租人相关的信息、所有人相关的信息分别通过GroupBox组件进行分组。在添加门面房信息时，门牌号应是已存在的楼盘信息，故此处可以使用ComboBox控件提供门牌号的选择功能。另外，由于物业费是根据算法计算出来的，此处的物业费文本框只用于显示，不能修改。

窗体设计时，主要涉及Label、ComboBox、TextBox、RadioButton、Button、GroupBox、DataGridView、ContextMenuStrip等控件。

实训2：设计停车场管理窗体界面。

停车场管理是现代化小区物业管理的一个重要内容，其功能与住房、物业费管理功能类似，基于已实现的住房管理、物业费管理窗体界面的设计，实现停车场管理功能的设计。实现思路与住房管理、物业费管理功能窗体界面设计一致。

【实训任务】

随着人们生活水平的提高，居民拥有的车辆越来越多，现代化小区基本都配置了停车场。作为现代化的管理手段，停车场管理也是小区物业管理系统的重要内容。停车基本信息、停车费由小区管理人员根据相关文件规定进行录入和收费。

停车场管理是"职苑物业管理系统"一个重要的功能模块，通过停车场管理可以实现对小区停车基本信息管理。创建"停车场管理"窗体时，用户可以对小区的停车场收费信息进行浏览、添加、修改和删除等多种操作。停车场管理窗体界面主要包括停车场收费管理和停车场收费查询两个操作界面。停车场收费管理界面可实现用户对停车场收费信息的添加、修改和删除等功能。停车场收费查询界面可实现停车场收费信息的浏览和查询功能。设计界面如图5-92和图5-93所示。

【实现思路】

"职苑物业管理系统"的停车场管理功能主要包括停车场收费管理和停车场收费查询功能，设计停车场收费管理窗体和停车场收费查询窗体与用户进行数据交互。

在停车场收费管理窗体上，用户可以实现停车场收费信息的添加、修改和删除功能。添加停车场收费信息功能，用户可以直接在窗体上输入相关信息，单击"保存"按钮保存。为了用户操作方便，停车场收费的相关信息在窗体显示时会加载到DataGridView控件中。对DataGridView控件已有的停车场收费信息，用户可以在数据行上右击，在弹出的快捷菜单中选择"修改"和"删除"操作，此处操作与住户信息管理、物业费管理窗体类似。执行"删除"操作时，直接把当前数据行对应的停车场收费信息删除；执行"修改"操作，需要把选中的数据行信息加载到停车场收费信息输入控件中，用户修改停车场收费信息完毕后，单击"更新"按钮实现数据的保存。

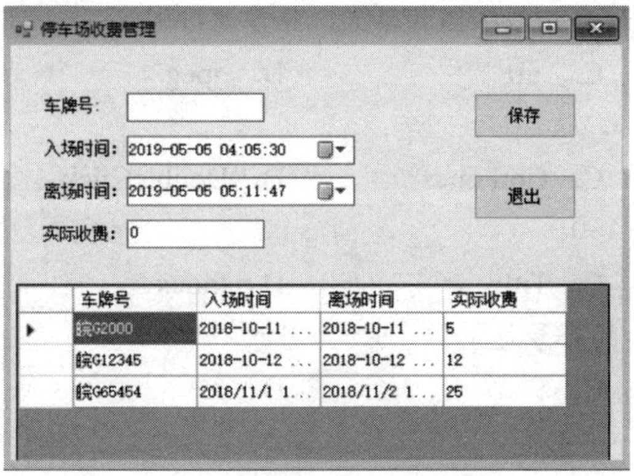

图 5-92　停车场收费管理界面 　　　　　　图 5-93　停车场收费查询界面

在停车场收费查询窗体中，用户可以根据车牌号进行查询，输入查询条件后，单击"查询"按钮执行查询，查询结果显示在DataGridView控件中。

在窗体的设计布局上，采用上下结构，与图5-45类似。上部为数据交互、命令执行区，主要为基本的窗体交互控件，下部为数据信息展示区，主要通过DataGridView控件来展示数据。

在设计停车场收费管理窗体时，车辆的入场时间和出场时间通过DateTimePicker控件进行设计（显示格式可自定义，如yyyy-MM-dd HH:mm:ss）；车牌号、实际收费等内容由小区管理人员根据实际情况进行录入。停车场收费查询窗体提供根据车牌号进行停车场收费信息的查询功能。

窗体设计时，主要涉及Label、TextBox、DateTimePicker、Button、ContextMenuStrip、DataGridView等控件。

习　题

一、填空题

1. 用户在DateTimePicker控件上选择的日期，被保存在_____属性中。

2. 要向ListView控件中插入一个项目，需要调用控件的_____方法。

3. TreeView控件的节点集合保存在_____属性之中。

4. DataGridView控件的_____属性用于设定其数据源。

5. 关闭窗体需要调用窗体_____方法。

6. 要将通用对话框openFileDialog1显示出来，需调用其_____方法。

7. 要设置主菜单某菜单项的快捷键，需要设置其_____属性。

二、选择题

1. 在WinForm应用程序中，可以通过以下（　　）方法使一个窗体成为MDI窗体。

    A. 改变窗体的标题信息　　　　　　　　B. 在工程的选项中设置启动窗体

    C. 设置窗体的 IsMdiContainer 属性　　　D. 设置窗体的 ImeMode 属性

2. 在WinForm程序中，如果复选框控件的Checked属性值设置为True，表示（　　）。

    A. 该复选框被选中　　　　　　　　　　B. 该复选框不被选中

    C. 不显示该复选框的文本信息　　　　　D. 显示该复选框的文本信息

3. WinForms中的图片框控件（pictureBox）中能显示以下图片格式，除了（　　　）。

    A. .doc   B. .bmp   C. .gif   D. .jpeg

4. 加载窗体时触发的事件是（　　　）。

    A. Click   B. Load   C. GotFoucs   D. DoubleClick

5. 改变窗体的标题，需修改的窗体属性是（　　　）。

    A. Text   B. Name   C. Title   D. Index

6. 建立访问键时，需在菜单标题的字母前添加的符号是（　　　）。

    A. !   B. #   C. $ D. &

7. 在C#.NET中，用来创建主菜单的对象是（　　　）。

    A. Menu   B. MenuItem   C. MenuStrip   D. Item

8. 消息框MessageBox的Show方法的返回值是（　　　）类型。

    A. DialogResult   B. BorderStyle   C. string   D. int

9. 语句tabControl1.SelectedIndex=1;的作用是（　　　）。

    A. 选中第一个选项卡   B. 选中第二个选项卡

    C. 使第一个选项卡可见   D. 使第二个选项卡可见

三、简答题

1. 什么是Windows窗体？有哪些分类形式？

2. 常用的控件有哪些？哪些是容器控件？

3. 简述窗体编程的事件处理机制。

4. Button控件有什么作用？

5. TextBox控件有什么作用？如何获取其输入的值？

6. GroupBox控件有什么作用？

7. CheckBox控件的作用和RadioButton控件有什么不同？如何对这些控件实现分组？

8. ListBox和CheckedListBox有什么作用？它们有什么不同之处？

9. ComboBox控件的主要作用是什么？应用在什么场合下？

10. DataGridView控件有什么作用？如何设置其数据源？

11. 常见的对话框有哪些？简述各对话框的作用。

12. OpenFileDialog对话框的Filter属性有什么作用？其值如何设定？

13. 如何进行窗体菜单的设计？MDI窗体如何设计？

14. 工具栏、状态栏分别有什么作用？如何进行设计？

单元 6
系统各功能模块实现

本单元讲述数据库应用软件的开发流程，通过对职苑物业管理系统项目应具备的功能分析，设计系统功能模块，综合运用.NET控件设计程序界面，使用面向对象程序开发理念实现各个功能模块，使学生系统地了解软件开发的方法步骤，掌握C/S模式程序的开发技能。

学习目标

- ➤ 掌握数据库操作的基本知识；
- ➤ 掌握使用面向对象程序设计思想进行软件分析、设计、重载；
- ➤ 掌握MDI窗体的设计方法；
- ➤ 掌握C/S模式程序开发的基本流程和方法；
- ➤ 具有综合运用所学知识进行应用软件开发、编码、调试、维护能力。

具体任务

- ➤ 任务1 职苑物业管理系统分析
- ➤ 任务2 数据操作的封装
- ➤ 任务3 楼盘管理功能实现
- ➤ 任务4 住宅管理功能实现
- ➤ 任务5 物业费管理功能实现
- ➤ 任务6 主界面设计

任务 1 职苑物业管理系统分析

任务导入

本任务主要分析物业管理系统应具有哪些功能模块、系统数据库的设计方法等。

知识技能准备

软件开发的标准过程

软件开发的标准过程包括6个阶段：

1. 可行性与计划研究阶段

根据软件的开发目的和功能要求，进行可行性分析、投资收益分析，制订开发计划。

2. 需求分析

在确定软件开发可行性的情况下，对软件需要实现的各个功能进行详细需求分析。需求分析阶段很重要，这一阶段做得好，将为整个软件项目的开发打下良好基础。同样软件需求也是在软件开发过程中不断变化和深入的，因此，必须制订需求变更计划应付这种变化，以保证整个项目的正常进行。

3. 软件设计

此阶段中需要根据需求分析的结果，对整个软件系统进行设计，如系统框架设计、数据库设计等。软件设计一般分为总体设计和详细设计。好的软件设计将为软件程序编写打下良好的基础。

4. 程序编码

此阶段是将软件设计的结果转换为计算机可运行的程序代码。在程序编码中必定要制定统一、符合标准的编写规范。以保证程序的可读性、易维护性，提高程序的运行效率。

5. 软件测试

在软件设计完成之后要进行严密的测试，发现软件在测试过程中存在问题时应加以纠正。整个测试分为单元测试、组装测试、系统测试三个阶段。测试方法主要有白盒测试和黑盒测试。

6. 运行与维护阶段

对运行过程中发现的问题进行必要的维护。

任务实施

1. 系统需求概述

职苑物业管理系统需要完成楼盘信息的管理、住户信息管理、门面房信息管理、物业费收取管理及停车收费管理，包括数据的录入、删除、修改和基本数据的查询等功能。

2. 系统总体设计

（1）职苑物业管理系统的功能模块如图6-1所示。

（2）数据库设计。数据库是信息系统的核心和基础，把信息系统中大量的数据按一定的模型组织起来，提供存储、维护、检索数据的功能，使信息系统可以方便、及时、准确地从数据库中获得所需的信息。数据库是信息系统各部分能否紧密结合在一起以及如何结合的关键所在。数据库设计是信息系统开发和建设的重要组成部分。

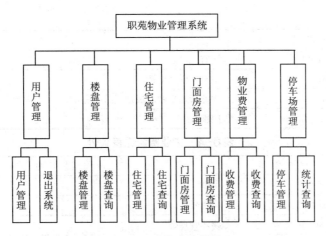

图 6-1　系统功能模块

　　根据系统的需求分析以及系统功能模块设计，本系统中主要涉及6个表，分别是：房屋信息表（Building）、住宅信息表（House）、门面房信息表（shop）、物业费信息表（wyf）、停车场收费信息表（Tccsf）、用户信息表（usermanager）。本系统采用Access建立数据库，如表6-1～表6-6所示。

表 6-1　房屋信息表 Building

字　　段	数 据 类 型	说　　明
Mph	Text(10)	门牌号，主键，门面房门牌号以 'M' 开头
Hx	Text(10)	户型
Lx	Text(2)	出租或销售
Cqh	Text(9)	产权号
Mj	Float	面积

表 6-2　住宅信息表 House

字　　段	数 据 类 型	说　　明
id	自动编号	主键
Hzsfz	Text(18)	户主身份证号码，一个身份证可能有多套住房
Hzxm	Text(10)	户主姓名
hzXb	Text(1)	户主性别
hzDh	Text(11)	联系电话
Czrk	Int	常住人口数
wyf	Float	物业管理费收取规则：住宅 1 元 / 平方米
Mph	Text(10)	门牌号
Photo	Text(200)	户主照片

表 6-3　门面房管理表 shop

字　　段	数 据 类 型	说　　明
id	自动编号	主键
Czrxm	Text(10)	承租人姓名
Czrdh	Text(11)	承租人联系电话

续表

字　段	数据类型	说　明
syrxm	Text(10)	所有人姓名
syrdh	Text(11)	所有人联系电话
wyf	Float	物业管理费收取规则：门面房 0.8 元 / 平方米
Mph	Text(10)	门牌号

表 6-4　物业费管理表 wyf

字　段	数据类型	说　明
id	自动编号	主键
Mph	Text(10)	门牌号
wyf	Float	物业管理费
jfyf	Datetime	缴纳物业费月份
Sfrq	Datetime	缴费日期
Jbr	Text(10)	经办人

表 6-5　停车场收费管理表 Tccsf

字　段	数据类型	说　明
id	自动编号	主键
cph	Text(10)	车牌号
Rcsj	Datetime	入场时间
Lcsj	Datetime	离场时间
Sjsf	Float	实际收费

表 6-6　用户管理表 usermanager

字　段	数据类型	说　明
Username	Text(6)	用户名，主键
Password	Text(10)	口令

3. 在 Access 2013 中创建数据库

打开 Access，在图 6-2 所示的窗体中选择"新建"命令，在"可用模板"区域选择"空数据库"选项，在"文件名"文本框中输入：wygl.accdb，单击 📁 按钮选择保存位置，单击"创建"按钮，即可建立一个空数据库；单击"创建"按钮后右击图 6-3 所示窗体右侧的"表1"，在弹出的快捷菜单选择"设计视图"命令，如图 6-4 所示，弹出图 6-5 所示的"另存为"对话框，将数据表重命名为 Building，单击"确定"按钮完成对数据表的命名，单击"确定"按钮后显示图 6-6 所示的字段设计模式窗口，输入相关的字段名称并选择对应的数据类型。

创建新的数据表也可以单击 Access 窗体顶端的"创建"选项卡，单击"表设计"按钮，同样会弹出图 6-6 所示的数据表字段设计模式窗口。

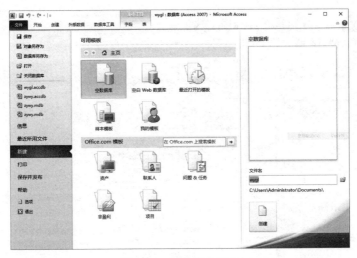

图 6-2　创建空数据库

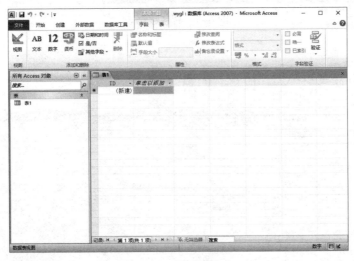

图 6-3　建立数据表

图 6-4　设计数据表

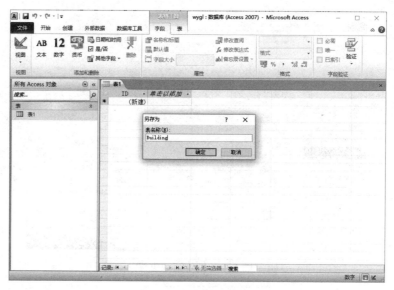

图 6-5 命名数据表

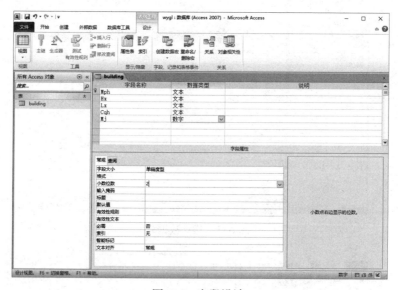

图 6-6 字段设计

任务 2 数据操作的封装

任务导入

在数据库应用软件的开发过程中，用户对数据库的操作主要有增（增加数据）、删（删除数据）、改（修改数据）、查（查询数据）等，在这些操作中，前台程序会经常和后台数据库交换数据，因此为了便于数据的交换和对数据库的访问，需要对任务1中建立的数据表以类的方式进行封装建立一个实体类，同时还需要创建一个用于连接Access数据库完成访问后台数据库的数据库访问类以及实体类与数据库访问类之间的联系纽带（即业务逻辑类）。

知识技能准备

实体类的创建原则是将数据表中的字段定义为类中的属性或字段，对于某些需要进行运算才能得到数值的字段可以在方法中实现。数据库访问类需要用到ADO.NET的知识（在后续课程中学习），在这里不需要掌握；联系实体类与数据库访问类的业务逻辑类整合了对数据库要执行的操作（增加数据、删除数据、修改数据、查询数据），语句的功能含义在后续的数据库原理课程中学习，这里只需知道某个方法完成的功能即可，至于如何实现该功能可以暂时不考虑。

任务实施

一、建立实体类 WyglClass

打开C#软件，选择"文件"→"新建"→"项目"命令，弹出图6-7所示的"新建项目"对话框，在"名称"文本框中输入项目名称，这里输入wygl，单击"浏览"按钮选择合适的保存位置，这里选择c:\wygl，在"解决方案名称"文本框中输入wygl，单击"确定"按钮。

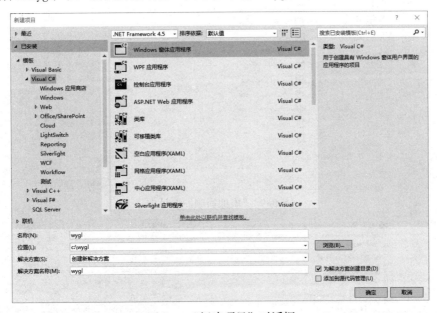

图6-7　"新建项目"对话框

在"解决方案资源管理器"中右击wygl项目，在弹出的快捷菜单中选择"添加"→"类"命令（见图6-8），弹出图6-9所示的"添加新项"对话框，选择中间区域最顶端的"类"选项，在类"名称"文本框中输入WyglClass，单击"添加"按钮进入类代码的编写，如图6-10所示，这里根据每个数据表的字段名称及类型创建对应的类。

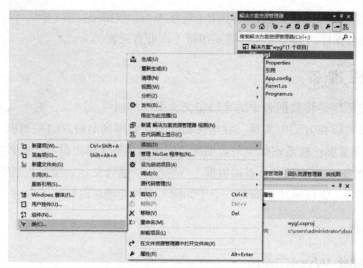

图 6-8　新建类

图 6-9　"添加新项"对话框

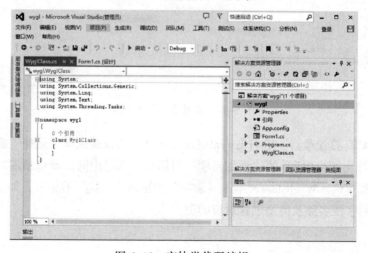

图 6-10　实体类代码编辑

在图6-10所示的区域编写各个实体类，代码如下：

```csharp
using System;
using System.Collections.Generic;
using System.Text;

namespace wygl
{
    /// <summary>
    /// 定义接口
    /// </summary>
    public interface IBuilding
    {
        double Wysf();                  //接口成员（实现物业费计算）
    }
    class Building:IBuilding            //继承接口
    {
        public string Mph { get;set;}
        public string Hx { get; set; }
        public double Mj { get; set; }
        public string Lx { get; set; }
        public string Cqh { get; set; }
        public double Wyf { get; set; }
        /// <summary>
        /// 实现接口成员，在此定义虚方法，以便在子类中对该方法重写
        /// </summary>
        /// <returns></returns>
        public virtual double Wysf()
        {
            return 0;
        }
    }
    class House : Building                          //定义住宅类，继承Building（楼盘类）
    {
        public string HzSfz { get; set; }
        public string HzXm { get; set; }
        public string HzXb { get; set; }
        public string HzDh { get; set; }
        public int Czrk { get; set; }
        public string Photo { get; set; }
        public override double Wysf()               //重写父类中的方法（物业费计算）
        {
            return 1*Mj;                            //住宅物业费每平方米1元
        }
    }
    class Shop : Building
    {
        public string Czrxm { get; set; }
        public string Czrdh { get; set; }
        public string Syrxm { get; set; }
```

```
        public string Syrdh { get; set; }
        public override double Wysf()          //重写父类中的方法（物业费计算）
        {
            return 0.8*Mj;                      //门面房物业费每平方米0.8元
        }
    }
    class Wyf
    {
        public string Mph { get; set; }
        public double wyf { get; set; }
        public DateTime jfyf { get; set; }
        public DateTime Sfrq { get; set; }
        public string Jbr { get; set; }
    }
    class Tccsf
    {
        public string Cph { get; set; }
        public DateTime Rcsj { get; set; }
        public DateTime Lcsj { get; set; }
        public double Sjsf { get; set; }
    }
    class UserInfo
    {
        public string Username { get; set; }
        public string Password { get; set; }
    }
}
```

二、建立数据库访问类

为了方便对数据库的访问，需要创建通用的数据库访问类DbHelper，数据库访问类是一组通用的访问数据库的代码，在所有项目中都可以使用，用来执行对数据库的操作，代码如下：

```
using System;
using System.Collections.Generic;
using System.Linq;
using System.Text;
using System.Threading.Tasks;
using System.Data;
using System.Data.OleDb;
using System.Configuration;

namespace wygl
{
    public class DBHelper
    {
        //连接字符串
        static string strConn=(@"Provider=Microsoft.ACE.OLEDB.12.0;Data
source=" + Environment.CurrentDirectory + "\\zywy.accdb");
        /// <summary>
```

```csharp
/// 执行查询，返回DataTable对象
/// </summary>
/// <param name="strSQL">sql语句</param>
/// <returns>DataTable对象</returns>
public static DataTable GetTable(string strSQL)
{
    DataTable dt=new DataTable();
    using (OleDbConnection conn=new OleDbConnection(strConn))
    {
        OleDbDataAdapter da=new OleDbDataAdapter(strSQL, conn);
        da.Fill(dt);
    }
    return dt;
}
/// 执行非查询存储过程和SQL语句（增、删、改）
/// </summary>
/// <param name="strSQL">要执行的SQL语句</param>
/// <returns>返回影响行数</returns>
public static int ExcuteSQL(string strSQL)
{
    int i = 0;
    using (OleDbConnection conn=new OleDbConnection(strConn))
    {
        OleDbCommand cmd=new OleDbCommand(strSQL, conn);
        conn.Open();
        try
        {
            i=cmd.ExecuteNonQuery();
            return i;
        }
        catch
        {
            return 0;
        }

        conn.Close();
    }
}
/// <summary>
/// 执行SQL语句，返回第一行、第一列
/// </summary>
/// <param name="strSQL">要执行的SQL语句</param>
/// <returns>返回影响行数</returns>
public static int ExcuteScalarSQL(string strSQL)
{
    int i=0;
    using (OleDbConnection conn=new OleDbConnection(strConn))
    {
        OleDbCommand cmd=new OleDbCommand(strSQL, conn);
        conn.Open();
        i=Convert.ToInt32(cmd.ExecuteScalar());
        conn.Close();
```

```
        }
        return i;
    }
}
}
```

三、创建业务逻辑类

在当前项目中创建数据库访问类WyglDAL，用来封装对数据库要进行的操作（增、删、改、查等操作），主要由基本SQL语句构成，数据库访问类的代码会在后面的任务中逐步完善。

任务3 楼盘管理功能实现

 任务导入

为了便于物业管理，每户都会按栋号、单元号等信息设置门牌号，对于普通住宅如3–1–101表示3栋1单元101房间，对于门面房如M–2–101表示门面房2栋101房间。小区的所有楼盘信息按照上述编号输入到数据库中，在销售时用户可以选择具体的门牌号。此外，为了便于物业管理，系统要具备门牌号的查询功能。

知识技能准备

一、DataGridView 控件

DataGridView控件提供一种强大而灵活的以表格形式显示数据的方式。使用该控件可以显示和编辑来自多种不同类型的数据源的表格数据。

可以用很多方式扩展 DataGridView控件，以便将自定义行为内置在应用程序中。例如，可以采用编程方式指定自己的排序算法，以及创建自己的单元格类型。通过选择这些属性，可以轻松地自定义DataGridView控件的外观。可以将许多类型的数据存储区用作数据源，也可以在没有绑定数据源的情况下操作 DataGridView控件。将数据绑定到 DataGridView控件非常简单和直观，在大多数情况下，只需设置DataSource属性即可。在绑定到包含多个列表或表的数据源时，只需将DataMember属性设置为指定要绑定的列表或表的字符串即可。

DataGridView控件的常用属性和事件如表6–7和表6–8所示。

表 6–7 DataGridView 控件的常用属性

属　　性	说　　明
BackGroundColor	获取或设置 DataGridView 的背景色
BorderStyle	获取或设置 DataGridView 的边框样式
CellBorderStyle	获取 DataGridView 的单元格边框样式
ColumnCount	获取或设置 DataGridView 中显示的列数
Columns	获取一个包含控件中所有列的集合
CurrentCell	获取或设置当前处于活动状态的单元格

续表

属　　性	说　　明
CurrentCellAddress	获取当前处于活动状态的单元格的行索引和列索引
CurrentRow	获取包含当前单元格的行
DataBindings	为该控件获取数据绑定
DataSource	获取或设置 DataGridView 所显示数据的数据源
MultiSelect	获取或设置一个值，该值指示是否允许用户一次选择 DataGridView 的多个单元格、行或列
NewRowIndex	获取新记录所在行的索引
RowCount	获取或设置 DataGridView 中显示的行数
Rows	获取一个集合，该集合包含 DataGridView 控件中的所有行
SelectedCells	获取用户选定的单元格的集合
SelectedColumns	获取用户选定的列的集合
SelectedRows	获取用户选定的行的集合

表6-8　DataGridView 控件的常用事件

事　　件	说　　明
CellMouseClick	在用户单击单元格中的任何位置时发生

二、SQL 语句

在数据库软件的开发过程中，经常用到的SQL语句主要有对数据的查询、添加、删除和修改。下面通过一个例子简单阐述几种语句的语法。

假设有一张楼盘信息表，表名为Building。其中有5个字段，分别为门牌号、户型、类型、产权号、面积，数据如表6-9所示。

表6-9　楼盘信息表

门　牌　号	户　　型	类　　型	产　权　号	面　　积
3-1-101	三室一厅	销售	110320158	120.5
3-1-102	三室一厅	销售	110320156	120.5
3-1-103	三室一厅	销售	110320153	120.5
2-1-101	两室一厅	出租	110320189	95.6
2-1-102	两室一厅	出租	110320185	95.6

1）查询记录

查找门牌号为"3-1-101"的房屋的产权号和面积：

```
SELECT 产权号,面积 FROM Building WHERE 门牌号='3-1-101'
```

如果查找某张表的所有字段，则可以用*代替所有字段。

例如，查找门牌号为"3-1-101"的房屋所有基本信息的语句如下：

```
SELECT * FROM Building WHERE 门牌号='3-1-101'
```

2）添加记录

为楼盘表添加一条记录（3-5-101,三室一厅,销售,110320898,125.5）。

```
Insert into Building(门牌号,户型,类型,产权号,面积)values('3-5-101','三室一厅','
销售','110320898',125.5)
```

3）修改记录

将门牌号为"3-1-101"的房屋类型改为出租：

```
Update Building set 类型='出租' where 门牌号='3-1-101'
```

4）删除记录

将门牌号为"3-1-101"的房屋信息删除：

```
Delete from Building where 门牌号='3-1-101'
```

任务实施

一、楼盘信息管理数据访问类

在上一任务中添加了实体类和数据库访问类，在这里用同样的方法在当前项目上添加数据访问类WyglDAL，它的主要功能是：

（1）发出向后台数据库添加数据的命令。

（2）发出向后台数据库删除数据的命令。

（3）发出向后台数据库修改数据的命令。

（4）发出向后台数据库查询数据的命令。

代码如下：

```
using System;
using System.Collections.Generic;
using System.Text;
using System.Data;
namespace wygl
{
  class WyglDAL
  {
      /// <summary>
      /// 向楼盘数据表中添加数据的方法
      /// </summary>
      /// <param name="Build">楼盘数据信息</param>
      /// <returns></returns>
      public static int InsertBuilding(Building Build)
      {
          string sql=@"insert into building(Mph,Hx,Lx,Cqh,Mj)
                  values('{0}','{1}','{2}','{3}',{4})";
          sql=string.Format(sql, Build.Mph, Build.Hx, Build.Lx, Build.Cqh, Build.Mj);
          int count=DBHelper.ExcuteSQL(sql);
          return count;
      }
      /// <summary>
      /// 修改楼盘数据表中数据的方法
      /// </summary>
```

```
        /// <param name="Build">楼盘数据信息</param>
        /// <returns></returns>
        public static int UpdateBuilding(Building Build)
        {
            string sql =@"update building set Hx='{0}',Lx='{1}',Cqh='{2}',
                    Mj={3} where mph='{4}'";
            sql=string.Format(sql, Build.Hx, Build.Lx, Build.Cqh, Build.Mj, Build.Mph);
            int count=DBHelper.ExcuteSQL(sql);
            return count;
        }
        /// <summary>
        /// 删除楼盘数据表中数据的方法
        /// </summary>
        /// <param name="Build"></param>
        /// <returns></returns>
        public static int DeleteBuilding(Building Build)
        {
            string sql="delete from building  where mph='" + Build.Mph + "'";
            int count=DBHelper.ExcuteSQL(sql);
            return count;
        }
        /// <summary>
        /// 查询某个门牌号的房屋信息
        /// </summary>
        /// <param name="Mph">参数Mph为空，则返回全部信息</param>
        /// <returns></returns>
        public static DataTable SelectBuilding(string Mph)
        {
            string sql="select * from building";
            if(!string.IsNullOrEmpty(Mph))
                sql += " where mph='" + Mph + "'";
            return DBHelper.GetTable(sql);
        }
    }
}
```

二、楼盘信息输入窗体设计

（1）在当前项目中添加一个新窗体frmBuilding。

（2）在frmBuilding窗体上添加控件，窗体布局如图6-11所示，窗体上各个控件的属性如表6-10所示。

图 6-11　楼盘信息输入界面

表6-10　楼盘信息输入界面控件

控 件 类 型	控 件 名 称	属　　性	属 性 值
Label	lblMph	Text	门牌号
	lblHx	Text	户型
	lblCqh	Text	产权号
	lblMj	Text	面积

续表

控 件 类 型	控 件 名 称	属　　　性	属　性　值
TextBox	txtMph	MaxLength	10
	txtHx	MaxLength	10
	txtCqh	MaxLength	9
	txtMj	MaxLength	8
RadioButton	rdoFwzt1	Text	出租
	rdoFwzt1	Checked	False
	rdoFwzt2	Text	销售
	rdoFwzt2	Checked	True
Button	btnSave	Text	保存
	btnExit	Text	退出
DataGridView	dgvBuilding		
ContextMenuStrip	cmsBuilding	Items	修改、删除

（3）在C#工具箱的"菜单和工具栏"中选择ContextMenuStrip控件，将其拖放到当前窗体，修改其名称（Name属性）为cmsBuilding，在"属性"窗口中选择Items属性，进入到图6-12所示的菜单项目编辑界面，单击"添加"按钮，添加新菜单项，修改Text属性值为"修改(&M)"，修改其Name属性为"修改ToolStripMenuItem"，单击"添加"按钮，添加新菜单项，修改Text属性值为"删除(&D)"，修改其Name属性为"删除ToolStripMenuItem"。

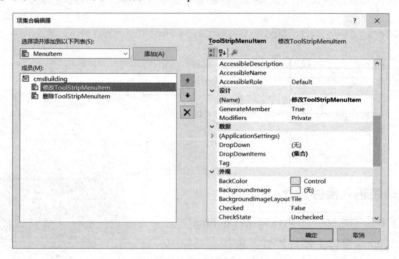

图 6-12　项集合编辑器

右键菜单设计完成后单击"确定"按钮返回到窗体设计，如图6-13所示。

运行效果如图6-14所示，在表格dgvBuilding的数据行中右击，在弹出的快捷菜单中可以选择修改当前行数据或删除当前行数据。

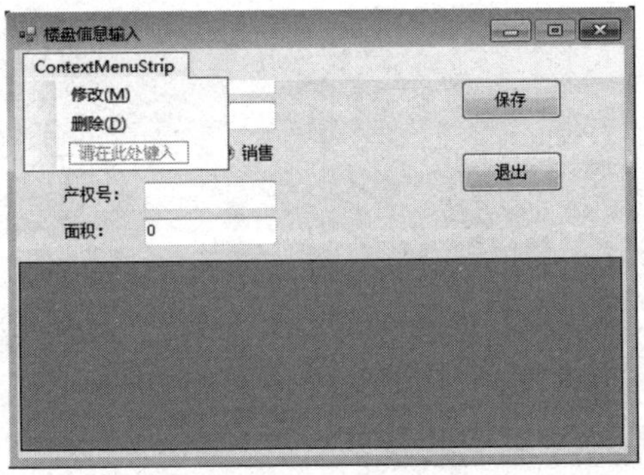

图 6-13　右键菜单

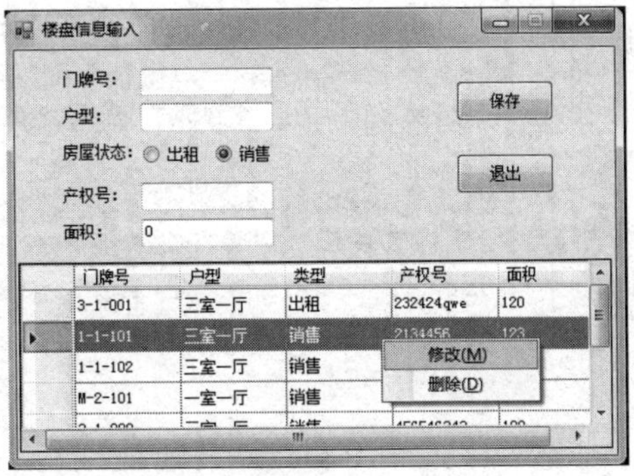

图 6-14　楼盘信息管理运行界面

（4）相关代码：

```csharp
private void Form1_Load(object sender, EventArgs e)
{
    GridviewBind(dgvBuilding);
}
void GridviewBind(DataGridView dgv)
{
    string [] a=new string[]{"门牌号","户型","类型","产权号","面积",""};
    dgv.DataSource =WyglDAL.SelectBuilding("");
    for(int i=0; i<dgv.ColumnCount; i++)
    {
        dgv.Columns[i].HeaderText=a[i];
        dgv.Columns[i].Width=80;
    }
}
private void btnSave_Click(object sender, EventArgs e)
{
    Building b=new Building();
    b.Mph=txtMph.Text.ToUpper();
    b.Hx=txtHx.Text;
    b.Lx=rdoFwzt2.Text;
    if(rdoFwzt1.Checked)
        b.Lx=rdoFwzt1.Text;
    b.Cqh=txtCqh.Text;
    b.Mj=double.Parse(txtMj.Text);
    if(btnSave.Text=="更新")
    {
        if(WyglDAL.UpdateBuilding(b)==1)
            MessageBox.Show("更新成功! ");
        else
            MessageBox.Show("更新失败! ");
            btnSave.Text="保存";
    }
    else
    {
        if(WyglDAL.InsertBuilding(b)==1)
```

```
            MessageBox.Show("保存成功");
        else
            MessageBox.Show("保存失败! ");
    }
    GridviewBind(dgvBuilding);
    //保存完成后清空所有文本框
    foreach (Control c in Controls)
    if(c is TextBox)
        c.Text="";
    }
private void btnExit_Click(object sender, EventArgs e)
{
    this.Close();
}

private void dgvBuilding_CellMouseClick(object sender, DataGridViewCellMouse
EventArgs e)
{
    if(e.Button==MouseButtons.Right)
    {
        if(e.RowIndex>=0)
        {
            //若行已是选中状态就不再进行设置
            if(dgvBuilding.Rows[e.RowIndex].Selected==false)
            {
                dgvBuilding.ClearSelection();
                dgvBuilding.Rows[e.RowIndex].Selected=true;
            }
            //只选中一行时设置活动单元格
            if (dgvBuilding.SelectedRows.Count==1)
            {
                dgvBuilding.CurrentCell=dgvBuilding.Rows[e.RowIndex].Cells[e.
ColumnIndex];
            }
            //弹出操作菜单
            cmsBuilding.Show(MousePosition.X, MousePosition.Y);
        }
    }
}
private void 修改ToolStripMenuItem_Click(object sender, EventArgs e)
{
    txtMph.Text=dgvBuilding.CurrentRow.Cells[0].Value.ToString();
    txtHx.Text=dgvBuilding.CurrentRow.Cells[1].Value.ToString();
    if(dgvBuilding.CurrentRow.Cells[2].Value.ToString()=="销售")
        rdoFwzt2.Checked=true;
    else
        rdoFwzt1.Checked=true;
    txtCqh.Text=dgvBuilding.CurrentRow.Cells[3].Value.ToString();
    txtMj.Text=dgvBuilding.CurrentRow.Cells[4].Value.ToString();
```

```
        btnSave.Text="更新";
    }
    private void 删除ToolStripMenuItem_Click(object sender, EventArgs e)
    {
        Building a=new Building();
        a.Mph=dgvBuilding.CurrentRow.Cells[0].Value.ToString();
         DialogResult query=MessageBox.Show("是否删除: " + a.Mph, "删除对话框",
MessageBoxButtons.YesNo, MessageBoxIcon.Warning);
        if(query==DialogResult.Yes)
        {
            if(WyglDAL.DeleteBuilding(a) > 0)
                MessageBox.Show("删除成功");
            else
                MessageBox.Show("删除失败! ");
        }
        GridviewBind(dgvBuilding);
    }
```

三、关键代码分析

1）在DataGridView控件中显示数据

```
void GridviewBind(DataGridView dgv)
{
    string [] a=new string[]{"门牌号","户型","类型","产权号","面积",""};
    dgv.DataSource=WyglDAL.SelectBuilding("");
    for(int i=0; i<dgv.ColumnCount; i++)
    {
        dgv.Columns[i].HeaderText=a[i];
        dgv.Columns[i].Width=80;
    }
}
```

语句dgv.DataSource = WyglDAL.SelectBuilding("") 将后台楼盘信息表中的全部信息返回，与DataGridView控件进行绑定，使其在表格中显示。

为了更好地控制DataGridView的外观，使用一个一维数组预存表头文字，使用for语句遍历表格的所有列，并与一维数组中的元素一一对应，这里用到了DataGridView控件的Columns对象的HeaderText属性（显示表头）和Width属性（控制列宽）。

2）右键菜单功能

要实现在表格dgvBuilding中右击时弹出菜单，需要对dgvBuilding控件的CellMouseClick事件编程，其中语句if (e.Button==MouseButtons.Right)用来判断用户是否按下鼠标右键；语句cmsBuilding.Show(MousePosition.X, MousePosition.Y)的功能是在当前鼠标位置弹出菜单。

3）信息修改功能

在表格区域的某一行上右击，在弹出的快捷菜单中选择"修改"命令，可以将当前行的数据读取到图6-14所示窗体上的文本框等控件中，同时"保存"按钮标题变为"更新"。

例如，获取当前行门牌号数据的代码如下：

```
txtMph.Text = dgvBuilding.CurrentRow.Cells[0].Value.ToString();
```

其中，CurrentRow表示当前行，Cells[0]表示第1个单元格。

四、楼盘信息查询窗体设计

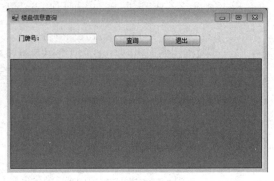

为了方便物业管理人员能及时查询某住户或门面房的信息，需要设计查询窗体。步骤如下：

（1）在当前项目中添加一个新窗体frmBuilding Search。

（2）在frmBuildingSearch窗体上添加控件，窗体布局如图6-15所示。

窗体上各个控件的属性如表6-11所示。

图 6-15　楼盘信息查询

表 6-11　楼盘信息查询窗体控件

控 件 类 型	控 件 名 称	属　　性	属 性 值
Label	lblMph	Text	门牌号
TextBox	txtMph	MaxLength	10
Button	btnSearch	Text	查询
	btnExit	Text	退出
DataGridView	dgvBuilding		

运行时，在"门牌号"文本框中输入某门牌号，单击"查询"按钮，查询该门牌号的房屋信息；如果不输入门牌号则查询所有的房屋信息。主要代码如下：

```
private void button1_Click(object sender, EventArgs e)
{
    GridviewBind(dgVBuilding);
}
void GridviewBind(DataGridView dgv)
{
    string[] a=new string[] { "门牌号", "户型", "类型", "产权号", "面积", "" };
    dgv.DataSource=WyglDAL.SelectBuilding(txtMph.Text);
    for(int i=0; i<dgv.ColumnCount; i++)
    {
        dgv.Columns[i].HeaderText=a[i];
        dgv.Columns[i].Width=80;
    }
}
private void btnExit_Click (object sender, EventArgs e)
{
    this.Close();
}
```

这里调用了楼盘信息管理业务类WyglDAL中的public static DataTable SelectBuilding(string Mph)方法。该方法返回类型为数据表，运行时将返回的数据表绑定到表格dgVBuilding的DataSource属性，运行效果如图6-16所示。

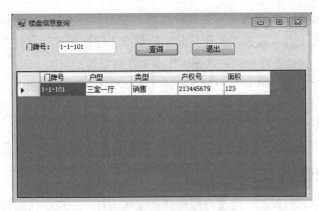

图 6-16　楼盘信息查询结果

任务 4　住宅管理功能实现

任务导入

物业公司为了便于对住户进行管理，需要登记住户的相关信息，住户的信息主要包括户主姓名、电话、照片、常住人口数量和应该缴纳的物业管理费等。

知识技能准备

一、打开文件对话框控件 OpenFileDialog

打开文件对话框控件允许用户按文件扩展名选择某个文件，在这里主要用来选择户主的照片，并将该文件复制到指定的路径下面，同时将该复制后的最新路径和文件名添加到住户信息表中。OpenFileDialog控件的常用属性如表6-12所示。

表 6-12　OpenFileDialog 控件的常用属性

属　　性	说　　明
InitialDirectory	获取或设置对话框的初始目录
Filter	获取或设置当前文件名筛选器字符串
FilterIndex	获取或设置对话框中选择的文件筛选器的索引
FileName	获取或设置在对话框中显示的文件名或最后一个选取的文件名

OpenFileDialog控件的方法ShowDialog( )运行通用对话框。

二、将图片存储到数据库的方法

通常在数据库中存放的数据大多是数值、日期或者一些字符，对于在数据库中存放图片，通常有下面两种方法：

（1）将图片所在的路径存入数据库里面，缺点是图片路径改变时，我们没有办法通过数据库获取这张图片。

（2）将图片转换成二进制字节流存储到数据库。在Access数据库中有OLE对象类型，将图片以这种形式（二进制流）存入数据库，使用时从数据库中还原图片。这种方法的缺点是，由于图片是大字段数据，以二进制形式存放到数据库中会加重数据库的负担。

综上所述，通常采用第一种方法，在这里为了解决第一种方法的缺点，可以将用户选择的住户照片文件统一上传到指定的物业管理系统的Photo文件夹中。

 **任务实施**

一、住宅信息管理数据访问类

为了完成对住宅信息的管理，需要在数据访问类WyglDAL中添加住宅管理的数据访问类，以完成对住宅信息的增加、删除、修改、查询功能，代码如下：

```
namespace wygl
{
  class WyglDAL
  {
    ...
    //以下为住宅信息管理的业务逻辑代码
    /// <summary>
    /// 住宅信息输入方法
    /// </summary>
    /// <param name="H"></param>
    /// <returns></returns>
    public static int InsertHouse(House H)
    {
      String sql=@"insert into house (Hzsfz,Hzxm,hzXb,hzDh,Czrk,wyf,Mph,photo)
        values('{0}','{1}','{2}','{3}',{4},{5},'{6}','{7}')";
      sql=string.Format(sql, H.HzSfz, H.HzXm, H.HzXb, H.HzDh, H.Czrk, H.Wyf,
H.Mph, H.Photo);
      int count=DBHelper.ExcuteSQL(sql);
      return count;
    }
    /// <summary>
    /// 住宅信息修改方法
    /// </summary>
    /// <param name="h"></param>
    /// <param name="ID"></param>
    /// <returns></returns>
    public static int UpdateHouse(House h, string ID)
    {
      String sql=@"update house set Hzsfz='{0}', Hzxm='{1}',hzXb='{2}',
hzDh='{3}',Czrk={4},wyf={5},photo='{6}',mph='{7}' where id={8}";
      sql=string.Format(sql, h.HzSfz, h.HzXm, h.HzXb, h.HzDh, h.Czrk,
h.Wyf, h.Photo,h.Mph,ID);
      int count=DBHelper.ExcuteSQL(sql);
      return count;
    }
```

```
public static int DeleteHouse(string ID)
{
    String sql="delete from house where id="+ID;
    int count=DBHelper.ExcuteSQL(sql);
    return count;
}
public static DataTable SelectHouse(string field, string value)
{
    string sql="select * from house  ";
    switch (field)
    {
      case "门牌号":
        sql+="where mph='"+value+"'"; break;
      case "户主姓名":
        sql+=" where hzxm='"+value+"'"; break;
      case "身份证":
        sql+=" where hzsfz='"+
value+"'"; break;
    }
        return DBHelper.GetTable(sql);
    }
  }
}
```

二、住宅信息输入窗体设计

（1）在当前项目中添加一个新窗体frmHouse。

（2）在frmHouse窗体中添加控件，窗体布局如图6-17所示。

窗体上各个控件的属性如表6-13所示。

图 6-17　住宅信息输入界面

表 6-13　住宅信息输入界面控件

控件类型	控件名称	属　性	属　性　值
Label	lblMph	Text	门牌号
	lblHzsfz	Text	户主身份证
	lblXm	Text	户主姓名
	lblDh	Text	联系电话
	lblCzrk	Text	常住人口
	lblWyf	Text	应交物业费
TextBox	txtSfz	MaxLength	18
	txtXm	MaxLength	10
	txtDh	MaxLength	12
	txtCzrk	MaxLength	2
	txtWyf	ReadOnly	True

续表

控件类型	控件名称	属 性	属性值
RadioButton	rdoMan	Text	男
	rdoWoman	Checked	True
		Text	女
Button	btnSave	Text	保存
	btnExit	Text	退出
	btnPhoto	Text	照片…
PictureBox	picPhoto	Image	Null
DataGridView	dgvBuilding		
ContextMenuStrip	cmsHouse	Items	修改、删除

运行效果如图6-18所示，在表格dgvHouse的数据行中右击，在弹出的快捷菜单中用户可以选择修改当前行数据或删除当前行数据。

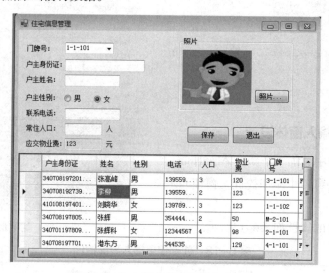

图6-18　住宅信息管理窗体运行界面

（3）相关代码

```
using System;
using System.Collections.Generic;
using System.ComponentModel;
using System.Data;
using System.Drawing;
using System.Text;
using System.Windows.Forms;
using System.IO;                        //对文件操作需要引入IO命名空间
namespace wygl
{
  public partial class FrmHouse : Form
  {
    public FrmHouse()
```

```csharp
        {
            InitializeComponent();
        }
        private void FrmHouse_Load(object sender, EventArgs e)
        {
            //从房屋信息表中获取门牌号信息，填充下拉组合框
            cmbMph.DataSource=WyglDAL.SelectBuilding_House();
            cmbMph.DisplayMember="mph";
            cmbMph.ValueMember="mj";
            GridviewBind(dgvHouse);
        }
        void GridviewBind(DataGridView dgv)
        {
            string[] a=new string[] { "ID", "户主身份证", "姓名", "性别", "电话", "人
口", "物业费", "门牌号", "照片" };
            //调用业务逻辑类的SelectHouse方法，返回所有住户信息
            dgv.DataSource=WyglDAL.SelectHouse("", "");
            for(int i=0; i<dgv.ColumnCount; i++)
            {
                if(i==1)
                    dgv.Columns[i].Width=100;
                else
                    dgv.Columns[i].Width=60;
                dgv.Columns[i].HeaderText=a[i];
            }
            dgvHouse.Columns[0].Visible=false;     //第一列数据不显示
        }
        string sourceFile;                         //保存用户选择的原始文件名及路径
        private void btnPhoto_Click(object sender, EventArgs e)
        {
            openFileDialog1.Filter="所有文件|*.*|Jpg文件|*.jpg|位图文件|*.bmp|Gif文件
|*.gif|PNG文件|*.png";
            openFileDialog1.FilterIndex=1;         //设置jpg文件为默认选项
            if(openFileDialog1.ShowDialog()==DialogResult.OK)
            {
                sourceFile=openFileDialog1.FileName;
                picPhoto.Image=Image.FromFile(sourceFile);
            }
        }
        private void btnSave_Click(object sender, EventArgs e)
        {
            House a=new House();
            a.Mph=cmbMph.Text;
            a.HzSfz=txtSfz.Text;
            a.HzXm=txtXm.Text;
            a.HzXb="女";
            if(rdoMan.Checked)
                a.HzXb="男";
            a.HzDh=txtPhone.Text;
            a.Czrk=int.Parse(txtCzrk.Text);
```

```
            a.Wyf=double.Parse(txtWyf.Text);
            a.Photo="";
            //设置当前的工作目录下的photo文件夹为照片的保存路径
            string destinationFile=Environment.CurrentDirectory +;
            //复制用户选择的户主照片文件到当前应用程序路径下的photo文件夹中
            if(!string.IsNullOrEmpty(sourceFile))
            {
                //判断源文件路径和目标文件路径是否一致，如果不一致则将源文件复制到目标文件路径
下，否则不复制
                if(sourceFile!=destinationFile+Path.GetFileName(sourceFile))
                    File.Copy(sourceFile, destinationFile+Path.GetFileName (sourceFile),
true);
                //用户照片存放的路径为当前系统路径下的photo文件夹中
                a.Photo="\\photo\\" + Path.GetFileName(sourceFile);
            }
            if(btnSave.Text=="保存")
            {
                if(WyglDAL.InsertHouse(a)==1)
                    MessageBox.Show("保存成功", "保存对话框", MessageBoxButtons.OK,
MessageBoxIcon.Asterisk);
                else
                    MessageBox.Show("保存失败! ", "保存对话框", MessageBoxButtons.OK,
MessageBoxIcon.Error);
            }
            else
            {
                //读取当前要更新的户主信息记录的ID号
                string ID=dgvHouse.CurrentRow.Cells[0].Value.ToString();
                if(WyglDAL.UpdateHouse(a,ID)==1)
                    MessageBox.Show("更新成功! ", "更新对话框", MessageBoxButtons.OK,
MessageBoxIcon.Asterisk);
                else
                    MessageBox.Show("更新失败! ", "更新对话框", MessageBoxButtons.OK,
MessageBoxIcon.Error);
                btnSave.Text = "保存";
            }
            GridviewBind(dgvHouse);
            foreach (Control c in  Controls)
                if(c is TextBox)
                    c.Text="";
            picPhoto.Image=null;
        }
        /// <summary>
        /// 查询所有的住宅门牌号与下拉组合框绑定，供操作员选择
        /// </summary>
        /// <param name="sender"></param>
        /// <param name="e"></param>
        private void cmbMph_SelectedIndexChanged(object sender, EventArgs e)
        {
            House H=new House();
```

```
            double.TryParse(cmbMph.SelectedValue.ToString(),out H.Mj);
            txtWyf.Text=H.wysf().ToString ();      //调用House类中的方法计算物业费
        }
        private void btnExit_Click(object sender, EventArgs e)
        {
            this.Close();
        }
        private void dgvHouse_CellMouseClick(object sender, DataGridViewCellMouse
EventArgs e)
        {
            if(e.Button==MouseButtons.Right)
            {
                if(e.RowIndex>=0)
                {
                    //若行已是选中状态就不再进行设置
                    if(dgvHouse.Rows[e.RowIndex].Selected==false)
                    {
                        dgvHouse.ClearSelection();
                        dgvHouse.Rows[e.RowIndex].Selected=true;
                    }                              //只选中一行时设置活动单元格
                    if(dgvHouse.SelectedRows.Count==1)
                    {
                        dgvHouse.CurrentCell=dgvHouse.Rows[e.RowIndex].Cells [e.ColumnIndex];
                    }
                    cmsHouse.Show(MousePosition.X, MousePosition.Y);
                                                   //在当前位置弹出菜单
                }
            }
        }


        private void 修改ToolStripMenuItem_Click(object sender, EventArgs e)
        {
            txtSfz.Text=dgvHouse.CurrentRow.Cells[1].Value.ToString();
            txtXm.Text=dgvHouse.CurrentRow.Cells[2].Value.ToString();
            if(dgvHouse.CurrentRow.Cells[3].Value.ToString()=="男")
                rdoMan.Checked=true;
            else
                rdoWoman.Checked=true;
            txtPhone.Text=dgvHouse.CurrentRow.Cells[4].Value.ToString();
            txtCzrk.Text=dgvHouse.CurrentRow.Cells[5].Value.ToString();
            txtWyf.Text=dgvHouse.CurrentRow.Cells[6].Value.ToString();
            cmbMph.Text=dgvHouse.CurrentRow.Cells[7].Value.ToString();
            btnSave.Text="更新";
            try
            {
                //读取当前住户的照片路径信息到sourceFile变量中
                //Environment.CurrentDirectory表示当前目录
                string Filename=dgvHouse.CurrentRow.Cells[8].Value.ToString();
                sourceFile=Environment.CurrentDirectory+Filename;
```

```
              picPhoto.Image=Image.FromFile(sourceFile);
            }
            catch
            {
              picPhoto.Image=null;                    //如果当前住户没有照片则不显示
              return;
            }
        }
        private void 删除ToolStripMenuItem_Click(object sender, EventArgs e)
        {
          string Id=dgvHouse.CurrentRow.Cells[0].Value.ToString();
          string hzxx=dgvHouse.CurrentRow.Cells[1].Value.ToString();
          DialogResult query=MessageBox.Show("是否删除: " + hzxx, "删除对话框",
MessageBoxButtons.YesNo, MessageBoxIcon.Warning);
            if(query==DialogResult.Yes)
            {
              if(WyglDAL.DeleteHouse(Id)>0)
                MessageBox.Show("删除成功", "删除对话框", MessageBoxButtons.OK,
MessageBoxIcon.Asterisk);
              else
                MessageBox.Show("删除失败! ", "删除对话框", MessageBoxButtons.OK,
MessageBoxIcon.Error);
            }
            GridviewBind(dgvHouse);
        }
      }
    }
```

三、关键代码分析

打开文件对话框控件用来让操作员选择户主照片，并将照片复制到系统指定的文件夹中，最终保存到数据库中的是照片文件的路径，因此需要将照片的原始路径存放在全局变量sourceFile中，以便在单击"保存"按钮时对该照片文件进行复制。

```
    string sourceFile;                          //保存用户选择的原始文件名及路径
    private void btnPhoto_Click(object sender, EventArgs e)
    {
        openFileDialog1.Filter="所有文件|*.*|Jpg文件|*.jpg|位图文件|*.bmp|Gif文件
|*.gif|PNG文件|*.png";
        openFileDialog1.FilterIndex=1;              //设置jpg文件为默认选项
        if (openFileDialog1.ShowDialog()==DialogResult.OK)
        {
            sourceFile=openFileDialog1.FileName;
            picPhoto.Image=Image.FromFile(sourceFile);
        }
    }
```

语句openFileDialog1.Filter = "所有文件|*.*|Jpg文件|*.jpg|位图文件|*.bmp|Gif文件|*.gif|PNG文件|*.png";用来设定允许操作员选择的文件类型，"|"分隔符前面的文字是注释，后面是真正的Filter

过滤器。语句openFileDialog1.ShowDialog() == DialogResult.OK 中，"openFileDialog1.ShowDialog()"的功能是打开文件对话框，"DialogResult.OK"的功能是判断单击的是否是"确定"按钮。

四、住宅信息查询窗体设计

住宅信息查询主要是根据门牌号、户主姓名或户主身份证查询住户详细信息，窗体运行界面如图6-19所示，在下拉组合框中用户可以选择查询条件，根据用户选择的查询条件完成相应的查询。

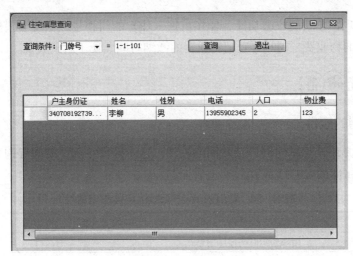

图 6-19　住宅信息查询

主要代码：

```
private void FrmHouseSearch_Load(object sender, EventArgs e)
{
    cmbSearch.Items.Add("门牌号");
    cmbSearch.Items.Add("户主姓名");
    cmbSearch.Items.Add("户主身份证");
}
private void btnSearch_Click(object sender, EventArgs e)
{
    GridviewBind(dgvHouse);
}
void GridviewBind(DataGridView dgv)
{
    string[] a=new string[] { "ID", "户主身份证", "姓名", "性别", "电话", "人口",
"物业费", "门牌号" ,"照片"};
    dgv.DataSource=WyglDAL.SelectHouse(cmbSearch.Text,txtSearch.Text);
    for(int i=0; i<dgv.ColumnCount; i++)
    {
        if(i==1)
            dgv.Columns[i].Width=100;
        else
            dgv.Columns[i].Width=80;
        dgv.Columns[i].HeaderText=a[i];
    }
    dgv.Columns[0].Visible=false;
```

```
       dgv.Columns[8].Visible=false;
   }
```

任务5　物业费管理功能实现

任务导入

　　本任务主要实现物业费的收缴功能，操作员输入住户的门牌号，系统会根据当前住宅的面积自动计算应该缴纳的物业费，同时要登记物业费的缴纳时间，便于后期查询。

知识技能准备

时间以及日期的控件

　　DatetimePicker是用来显示时间以及日期的控件。这个控件在选择时间查询时或者显示时间时经常用到，其常用属性如表6-14所示。

表6-14　DatetimePicker 控件常用属性

属　　性	说　　明
CustomFormat	用来指示时间显示的格式
MaxDate	指示该控件可以显示的最大日期
MinDate	指示该控件可以显示的最小日期
Value	就是控件的值，可以通过该属性获取显示的时间
DropDownAlign	控制月份下拉框与控件的相对位置是靠左还是靠右
ShowUpDown	指示该控件显示时是否显示为数字显示框。设为 True 则以数字显示框显示
Format 属性	设置日期显示格式

　　CustomFormat属性用来设置日期控件的显示格式，如"yyyy-MM-dd"表示按照四位数年份、两位数月份、两位数天数显示日期，如果是"yyyy-MM"表示只显示年和月，CustomFormat属性取值规则如表6-15所示。

表6-15　CustomFormat 属性的取值规则

值	说　　明
d	一位数或两位数的天数
dd	两位数的天数。一位数天数的前面加一个 0
h	12 小时格式的一位数或两位数小时数
hh	12 小时格式的两位数小时数。一位数值前面加一个 0
H	24 小时格式的一位数或两位数小时数
HH	24 小时格式的两位数小时数。一位数数值前面加一个 0
m	一位数或两位数分钟值
mm	两位数分钟值。一位数数值前面加一个 0
M	一位数或两位数月份值

值	说　　明
MM	两位数月份值。一位数数值前面加一个 0
s	一位数或两位数秒数
ss	两位数秒数。一位数数值前面加一个 0
t	单字母 A.M./P.M. 缩写（A.M. 将显示为 A）
tt	两字母 A.M./P.M. 缩写（A.M. 将显示为 AM）
yy	年份的最后两位数（2001 显示为 "01"）
yyyy	完整的年份（2001 显示为 "2001"）

Format属性取值可以是Long、Short、Time、Custom等，含义如下：

```
Long: 2019年12月22日
Short: 2019-12-22
Time: 13: 40: 36
Custom: 2019-12-22（自定义）
```

默认状态下，DateTimePicker控件只显示日期，如果要求显示时间或日期+时间，需要做以下设置：

```
//控制日期或时间的显示格式
DateTimePicker1.CustomFormat="yyyy-MM-dd HH:mm:ss"
//使用自定义格式
DateTimePicker1.Format=DateTimePickerFormat.Custom
//时间控件的启用
DateTimePicker1.ShowUpDown=True
```

任务实施

一、物业费管理业务逻辑类

为了完成对物业费的管理，需要在业务逻辑类WyglDAL中添加物业费管理的业务逻辑，以完成对物业费信息的增加、删除、修改、查询功能，代码如下：

```
namespace wygl
{
  class WyglDAL
  {
    ...
    //以下为物业费管理的业务逻辑代码
    /// <summary>
    /// 向物业费数据表中添加数据的方法
    /// </summary>
    /// <param name="wyjf"></param>
    /// <returns></returns>
    public static int InsertWyf(Wyf wyjf)
    {
      String sql=@"insert into wyf(Mph,wyf,jfyf,Sfrq,Jbr)values('{0}',{1},
'{2}','{3}','{4}')";
```

```
        sql= string.Format(sql,wyjf.Mph,wyjf.wyf, wyjf.jfyf,wyjf.Sfrq,wyjf.Jbr);
        int count=DBHelper.ExcuteSQL(sql);
        return count;
    }
    /// <summary>
    /// 修改物业费数据表中数据的方法
    /// </summary>
    /// <param name="wyjf"></param>
    /// <param name="ID"></param>
    /// <returns></returns>
    public static int UpdateWyf(Wyf wyjf, string ID)
    {
        String sql=@"update wyf set Mph='{0}',wyf={1},jfyf='{2}',sfrq='{3}',j
br='{4}'  where  id={5}";
        sql=string.Format(sql,wyjf.Mph,wyjf.wyf,wyjf.jfyf,wyjf.Sfrq,wyjf.Jbr,ID);
        int count=DBHelper.ExcuteSQL(sql);
        return count;
    }
    public static int DeleteWyf(string ID)
    {
        String sql="delete from wyf   where  id=" + ID;
        int count=DBHelper.ExcuteSQL(sql);
        return count;
    }
    /// <summary>
    /// 查询某门牌号某月份的物业费是否已缴费
    /// </summary>
    /// <param name="jfys"></param>
    /// <returns></returns>
    public static int FindWyf(Wyf jfys)
    {
        int month=jfys.jfyf.Month;
        int year=jfys.jfyf.Year;
        string sql="select count(*) from wyf where month(jfyf)={0} and
year(jfyf)={1} and mph='{2}'";
        sql=string.Format(sql,month,year,jfys.Mph);
        int count=DBHelper.ExcuteScalarSQL(sql);
        return count;
    }
    public static DataTable SelectWyf()
    {
        string sql="select * from wyf";
        return DBHelper.GetTable(sql);
    }
    //查询房屋信息的门牌号和面积，用来判断应收物业费
    public static object[] SelectYjWyf(string mph)
    {
        object[] a=new object[2];
        string sql="select mph,mj from building where mph='"+mph+"'";
        try
```

```
    {
        DataTable dt=DBHelper.GetTable(sql);
        a[0]=dt.Rows[0][0].ToString();
        a[1]=dt.Rows[0][1].ToString();
    }
    catch
    {
        a[0]=null; a[1]=null;
    }
    return a;
    }
  }
}
```

方法public static object[] SelectYjWyf(string mph)根据输入的门牌号，查询楼盘信息表中该门牌号住房面积，返回类型为一维数组，分别存放门牌号和面积信息，查询失败返回空值。

二、物业费管理窗体设计

（1）在当前项目中添加一个新窗体frmWyfgl。

（2）在frmWyfgl窗体上添加控件，窗体上各控件的属性如表6-16所示，窗体布局如图6-20所示。

表6-16　物业费管理界面控件

控 件 类 型	控 件 名 称	属　　性	属　性　值
Label	lblMph	Text	门牌号
	lblWyf	Text	应交物业费
	lblJfyf	Text	缴费月份
	lblRq	Text	收费日期
	lblJbr	Text	经办人
TextBox	txtMph	MaxLength	10
	txtWyf	MaxLength	10
		ReadOnly	True
CheckBox	chkJf	Text	缴费
DatetimePicker	dtpJfyf	CustomFormat	yyyy-MM
	dtpRq	CustomFormat	yyyy-MM-dd
Button	btnSave	Text	保存
	btnExit	Text	退出
DataGridView	dgvWyf		

在门牌号文本框中输入门牌号后调用业务逻辑类的public static object[] SelectYjWyf(string mph)方法，根据返回的门牌号信息判断类型是住宅还是门面房，根据返回的面积分别调用相应的物业费计算方法计算物业费在应交物业费文本框中显示，运行效果如图6-21所示。

 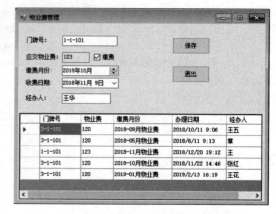

图 6-20 物业费管理界面　　　　　　　　　图 6-21 物业费管理运行界面

（3）相关代码：

```csharp
public partial class FrmWyfgl : Form
{
  private void FrmWyfgl_Load(object sender, EventArgs e)
  {
    GridviewBind(dgvWyf);
  }
  void GridviewBind(DataGridView dgv)
  {
    string[] a=new string[] { "ID", "门牌号", "物业费","缴费月份", "办理日期",
"经办人" };
    dgv.DataSource=WyglDAL.SelectWyf(); //DBHelper.GetTable("select * from
wyf ");
    for(int i=0; i<dgv.ColumnCount; i++)
    {
      dgv.Columns[i].Width=100;
      dgv.Columns[i].HeaderText=a[i];
    }
    dgv.Columns[3].Width=120;
    dgv.Columns[3].DefaultCellStyle.Format="yyyy-MM" +"月物业费";
    dgv.Columns[0].Visible=false;
  }

  private void btnSave_Click(object sender, EventArgs e)
  {
    Wyf wy=new Wyf();
    wy.Mph=txtMph.Text;
    wy.wyf=double.Parse( txtWyf.Text);
    wy.jfyf=dtPJfyf.Value;
    wy.Sfrq=dtpRq.Value;
    wy.Jbr=txtJbr.Text;
    if(WyglDAL.FindWyf(wy)>0)
    {
      String msg="门牌号："+ wy.Mph+ "户主"+ wy.jfyf.Month + "月份的物业费已缴";
```

```
            MessageBox.Show(msg);
            return;
        }
        if(btnSave.Text=="保存")
        {
            if(WyglDAL.InsertWyf(wy)==1)
                MessageBox.Show("保存成功", "保存对话框", MessageBox Buttons.OK,
MessageBoxIcon.Asterisk);
            else
                MessageBox.Show("保存失败! ", "保存对话框", MessageBox Buttons.OK,
MessageBoxIcon.Error);
        }
        else
        {
            string ID=dgvWyf.CurrentRow.Cells[0].Value.ToString();//读取当前要更新
的户主信息记录的ID号
            if (WyglDAL.UpdateWyf(wy, ID)==1)
                MessageBox.Show("更新成功! ", "更新对话框", MessageBox Buttons.OK,
MessageBoxIcon.Asterisk);
            else
                MessageBox.Show("更新失败! ", "更新对话框", MessageBox Buttons.OK,
MessageBoxIcon.Error);
            btnSave.Text="保存";
        }

        GridviewBind(dgvWyf);
    }

    private void btnExit_Click(object sender, EventArgs e)
    {
        this.Close();
    }

    private void txtMph_Leave(object sender, EventArgs e)
    {
        ////查询当前门牌号应交的物业费(门面房和住宅缴费标准不同)
        if(string.IsNullOrEmpty(txtMph.Text))
        {
            btnSave.Enabled=false;
            return;
        }

        object []a=new object[2];
        a=WyglDAL.SelectYjWyf(txtMph.Text);
        if(a[0]==null)//没有查询到该门牌号则允许保存数据
        {
            btnSave.Enabled=false;
            return;
        }
        btnSave.Enabled=true;
```

```
    if(a[0].ToString().Substring(0,1)=="M")//判断是否是门面房
    {
      Shop shop=new Shop();
      shop.Mj=double.Parse(a[1].ToString());
      txtWyf.Text=shop.wysf().ToString();
    }
    else
    {
      House house=new House();
      house.Mj=double.Parse(a[1].ToString());
      txtWyf.Text=house.wysf().ToString();
    }
  }


  private void dgvWyf_CellMouseClick(object sender, DataGridViewCellMouse
EventArgs e)
  {
    if(e.Button==MouseButtons.Right)
    {
      if(e.RowIndex>=0)
      {
        if(dgvWyf.Rows[e.RowIndex].Selected==false)
                                        //若数据行已是选中状态就不再进行设置
        {
          dgvWyf.ClearSelection();
          dgvWyf.Rows[e.RowIndex].Selected=true;
        }

        if(dgvWyf.SelectedRows.Count==1)
                                        //只选中一行数据时设置活动单元格

        dgvWyf.CurrentCell=dgvWyf.Rows[e.RowIndex].Cells[e.ColumnIndex];
        cmsWyf.Show(MousePosition.X, MousePosition.Y);
                                        //在当前位置弹出菜单
      }
    }
  }


  private void TSMModi_Click(object sender, EventArgs e)
  {
    txtMph.Text=dgvWyf.CurrentRow.Cells[1].Value.ToString();
    txtWyf.Text=dgvWyf.CurrentRow.Cells[2].Value.ToString();
    if(double.Parse(txtWyf.Text)>0)
      chkWyf.Checked=true;
    else
      chkWyf.Checked=false;
    dtPJfyf.Value=DateTime.Parse(dgvWyf.CurrentRow.Cells[3].Value.ToString());
    dtpRq.Value=DateTime.Parse( dgvWyf.CurrentRow.Cells[4].Value.ToString());
    txtJbr.Text=dgvWyf.CurrentRow.Cells[5].Value.ToString();
    btnSave.Text="更新";

  }
```

```
    private void TSMDelete_Click(object sender, EventArgs e)
    {
        string ID=dgvWyf.CurrentRow.Cells[0].Value.ToString();
                              //读取当前要更新的户主信息记录的ID号
        string hzxx=dgvWyf.CurrentRow.Cells[1].Value.ToString();
        DialogResult query=MessageBox.Show("是否删除: " + hzxx, "删除对话框",
MessageBoxButtons.YesNo, MessageBoxIcon.Warning);
        if(query==DialogResult.Yes)
        {
            if(WyglDAL.DeleteWyf(ID)>0)
                MessageBox.Show("删除成功", "删除对话框", MessageBoxButtons.OK,
MessageBoxIcon.Asterisk);
            else
                MessageBox.Show("删除失败! ", "删除对话框", MessageBoxButtons.OK,
MessageBoxIcon.Error);
        }
        GridviewBind(dgvWyf);
    }
}
```

任务 6　主界面设计

任务导入

本任务是建立一个登录界面，操作员需要登录才能使用本系统，操作员的用户名和密码存储在数据库中，登录成功，会在主界面（MDI 窗体）上显示当前登录的用户名和已经登录的时间。MDI 窗体中包含主菜单、工具栏和状态栏，主菜单包含用户管理、楼盘管理、住宅管理、门面房管理、物业费管理和停车场管理等主菜单项。

知识技能准备

一、MDI 窗体

Visual Studio 2015中包含3种类型的窗体，即SDI窗体（单文档窗体）、通用对话框窗体和MDI窗体（多文档窗体），MDI窗体可以同时显示多个SDI窗体。MDI窗体的常用属性如表6-17所示。

表6-17　MDI 窗体的常用属性

属　　性	说　　明
IsMdiContainer	表示窗体是否是 MDI 容器
WindowState	表示窗体运行时的可视状态
StartPosition	设置窗体启动在屏幕中的位置
Text	表示 MDI 窗体的标题

通常MDI窗体又称父窗体，父窗体是一个容器，容器中的文档称为子窗体，当父窗体最小化或关闭时，子窗体也随之最小化或关闭，所有子窗体最小化时只显示在父窗体内，而不是显示在

Windows操作系统的任务栏中。MDI窗体及其子窗体具有下列一些特点：

（1）所有子窗体都显示在MDI窗体的工作空间内。像其他窗体一样，用户能移动或改变子窗体的大小，但它们被限制在这一工作空间内。

（2）当最大化一个子窗体时，它的标题和父窗体的标题组合在一起，显示在父窗体的标题栏上。

（3）子窗体在父窗体加载时自动显示或自动隐藏，通过在MDI父窗体初始时添加是否显示子窗体代码来设置。

（4）活动子窗体中的菜单将显示在父窗体的菜单栏中，而不是显示在子窗体中。

建立MDI主窗体的操作步骤如下：

（1）在当前物业管理项目中添加一个窗体Form1，将其名称（Name属性）修改为MDIMain，标题（Text属性）修改为"职苑物业管理系统"。

（2）将MDIMain窗体的IsMdiContainer属性修改为True，显示效果如图6-22所示。

图 6-22　MDI 窗体

二、菜单设计

MenuStrip控件是Windows应用程序项目界面的主要部分，通常在窗体的顶部显示，单击每个菜单项都会执行某一种操作，例如，执行一个事件过程或显示下一级菜单。菜单的基本作用是提供人机对话界面，便于用户选择应用程序的各种功能。菜单通常由菜单标题（主菜单项）、菜单项、分隔条和子菜单等组成。

为MDI主窗体添加菜单的步骤如下：

（1）添加菜单。在工具箱的"菜单和工具栏"中把MenuStrip控件拖到MDI窗体中，在"请在此键入"处输入文字，建立主菜单。如输入"用户管理(&U)"，最后的效果如图6-23所示。

（2）添加子菜单。可以为主菜单添加子菜单，单击主菜单"用户管理(&U)"下方的"请在此处键入"，即可建立"用户管理(&U)"子菜单。如果单击主菜单"用户管理(&U)"右边的"请在此处键入"，则建立一个和"用户管理(&U)"主菜单类似的另一个主菜单。这里为"用户管理(&U)"主菜单添加子菜单"用户管理"，并设置其ShortcutKeys属性（快捷键）为Ctrl+U，添加子菜单"退出"并设置其ShortcutKeys属性（快捷键）为Alt+F4，如图6-24所示。

图 6-23　添加 MenuStrip 控件

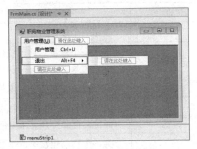

图 6-24　添加子菜单

菜单项的常用属性如表6-18所示。

表 6-18　ToolStripMenuItem 菜单项的常用属性

属　　性	说　　明
Text	表示菜单项上显示的文本信息
ShortcutKeys	设置菜单项的快捷键
ShowShortcutKeys	表示是否显示菜单项的快捷键
Checked	表示是否显示菜单项处于选中状态
Enabled	设置菜单项是否可用
Visible	设置菜单项是否显示
Image	设置菜单项显示的图片

菜单项的常用事件是Click，通常通过该事件的响应实现菜单命令。

双击某一菜单项即可进入到代码编辑窗口，这里双击"退出"菜单项，进入到"退出"菜单项对应的代码区域。

```
private void ExitToolsStripMenuItem_Click(object sender, EventArgs e)
{
    Application.Exit();                    //退出系统
}
```

三、工具栏设计

工具栏提供了应用程序中最常用菜单命令的快速访问方式，它一般由多个按钮组成，每个按钮对应菜单中的某个菜单项，运行时，单击工具栏中的按钮即可快速执行对应的操作。

工具栏设计的一般步骤如下：

（1）添加工具栏。在工具箱的"菜单和工具栏"中把 Toolstrip 控件拖到窗体中。

（2）添加项。单击 ToolStip 控件的下拉按钮，添加一个控件，如图6-25所示，一般有8种控件。8种控件的说明如表6-19所示。

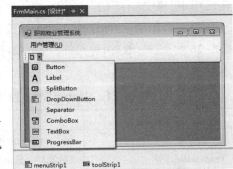

图 6-25　工具栏设置

表 6-19　ToolStrip 控件说明

控　件	说　　明
Button	表示一个按钮。用于带文本和不带文本按钮
Labe	表示一个标签。这个控件还可以显示图像
SplitButton	显示一个右端带有下拉按钮的按钮，单击该下拉按钮，就会在它的下面显示一个菜单。如果单击控件的按钮部分，该菜单不会打开
DropDownButton	类似于 SplitButton 控件，唯一区别是去除了下拉按钮，代之以下拉数组图像。单击控件的任一部分，都会打开其菜单部分
Separator	为各个项创建水平或垂直分隔符
ComboBox	显示一个组合框
TextBox	显示一个文本框
ProgressBar	在工具栏上显示一个进度条

使用最多的是 Button 控件，其常用属性如表 6-20 所示。

表 6-20　Button 控件的常用属性

属　　性	说　　明
Image	设置显示在按钮上面的图片
Text	设置在按钮上面显示的文字
ToolTipText	设置鼠标移动到按钮上时显示的提示信息

类似于菜单项，双击任何一个工具栏控件都能进入代码编辑窗口。

四、状态栏设计

状态栏给应用程序提供了一个位置，通常用作消息行和状态指示器，状态栏通常显示在窗口底部。

Visual Studio .NET 提供了 StatusStrip 控件来设置状态栏。通常，StatusStrip 控件由 Toolstripstatuslabel 对象组成，每个对象都可以显示文本、图标或同时显示这两者。StatusStrip 还可以包含 ToolStripDropDownButton、ToolStripSplitButton 和 ToolStripProgressBar 控件。

状态栏设计的一般步骤如下：

（1）添加 StatusStrip 控件。在工具箱中把 StatusStrip 控件拖到 MDI 窗体中。

（2）添加项。单击 StatusStrip 控件的下拉按钮，如图 6-26 所示。一般有 4 种控件，表 6-21 列出了 4 种控件的基本信息。

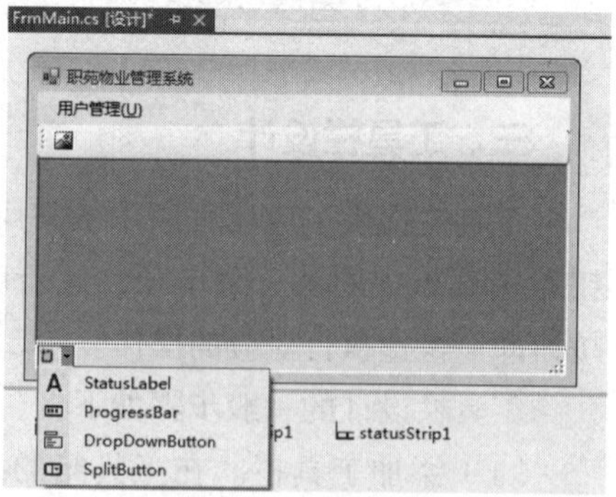

图 6-26　状态栏设置

表 6-21　StatusStrip 控件说明

控　　件	说　　明
StatusLabel	表示 StatusStrip 控件的一个面板，是最常用的一种
ProgressBar	在状态栏上显示一个进度条

续表

控　件	说　明
DropDownButton	类似于 SplitButton，唯一区别是单击左侧按钮会弹出下拉列表
SplitButton	一个左侧标准按钮和右侧下拉按钮的组合

最常用的是StatusLabel控件，其常用属性是Text，用来设置显示信息。

五、ImageList 控件

ImageList控件可以添加一个图片集，相当于一个数组，只不过这个数组中的元素是图片。ImageList控件的常用属性如表6-22所示。

表 6-22　ImageList 控件的常用属性

属　性	说　明
Images	图片的集合，每个图片有一个序号
Width	图片的宽度，单位为像素
Height	图片的高度，单位为像素

ImageList控件的设计步骤如下：

（1）在工具箱"所有Windows窗体"中找到ImageList控件并拖到MDI窗体中。

（2）单击ImageList控件右上角的箭头按钮，如图6-27所示，单击下方的"选择图像"超链接，弹出"图像集合编辑器"界面，如图6-28所示，单击"添加"按钮添加图片。每个图片对应一个序号，序号从0开始。

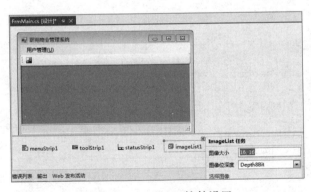

图 6-27　ImageList 控件设置

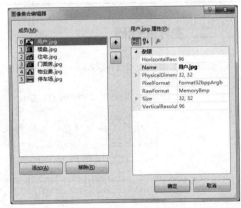

图 6-28　图像集合编辑器

任务实施

一、添加主窗体控件

在当前MDI窗体上添加菜单menuStrip1、工具栏ToolStrip、状态栏StatusStrip、Timer、ImageList，如图6-29所示。

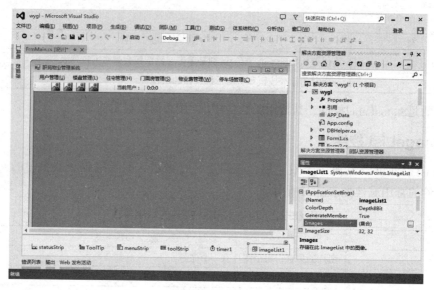

图 6-29　主界面

子菜单设计如表6-23所示。

表 6-23　菜单设计

用户管理 (U)	楼盘管理 (L)	住宅管理 (H)	门面房管理 (S)	物业费管理 (W)	停车场管理 (C)
用户管理	楼盘信息输入	住宅信息输入	门面房信息输入	物业费输入	停车收费
退出	楼盘信息查询	住宅信息查询	门面房信息查询	物业费查询	停车收费统计查询

二、主界面代码

```
public partial class FrmMain : Form
{
    private void FrmMain_Load(object sender, EventArgs e)
    {
        //设置工具栏对应的图像列表属性为imageList1
        toolStrip.ImageList=imageList1;
        for(int i=0; i<toolStrip.Items.Count; i++)
            toolStrip.Items[i].ImageIndex=i;
        UsertSLbl.Text+=FrmLogin.yh;
    }
    //单击"退出"菜单项代码
    private void ExitToolsStripMenuItem_Click(object sender, EventArgs e)
    {
        Application.Exit();                  //退出系统
    }
    private void 楼盘信息输入ToolStripMenuItem_Click(object sender, EventArgs e)
    {
        FrmBuilding frm=new FrmBuilding();
        frm.MdiParent=this;
        frm.Show();
    }
```

```csharp
private void 门面房信息输入ToolStripMenuItem_Click(object sender, EventArgs e)
{
    FrmShop frm=new FrmShop();
    frm.MdiParent=this;
    frm.Show();
}
private void 门面房查询ToolStripMenuItem_Click(object sender, EventArgs e)
{
    FrmShopSearch frm=new FrmShopSearch();
    frm.MdiParent=this;
    frm.Show();
}
private void 住宅信息输入ToolStripMenuItem_Click(object sender, EventArgs e)
{
    FrmHouse frm=new FrmHouse();
    frm.MdiParent=this;
    frm.Show();
}
private void 住宅信息查询ToolStripMenuItem_Click(object sender, EventArgs e)
{
    FrmHouseSearch frm=new FrmHouseSearch();
        frm.MdiParent=this;
        frm.Show();
}
private void 物业费ToolStripMenuItem_Click(object sender, EventArgs e)
{
    FrmWyfgl frm=new FrmWyfgl();
    frm.MdiParent=this;
    frm.Show();
}
private void 物业费查询ToolStripMenuItem_Click(object sender, EventArgs e)
{
    FrmWyfSearch frm=new FrmWyfSearch();
    frm.MdiParent=this;
    frm.Show();
}
private void 停车收费ToolStripMenuItem_Click(object sender, EventArgs e)
{
    FrmTcc frm=new FrmTcc();
    frm.MdiParent=this;
    frm.Show();
}
private void 停车收费统计查询ToolStripMenuItem_Click(object sender, EventArgs e)
{
    FrmTccSearch frm=new FrmTccSearch();
    frm.MdiParent=this;
    frm.Show();
}
private void 用户管理ManagerMenuItem_Click(object sender, EventArgs e)
```

```
        {
            // 创建此子窗体的一个新实例
            FrmUsermanager frmu=new FrmUsermanager();
            // 在显示该窗体前使其成为此MDI窗体的子窗体
            frmu.MdiParent=this;
            frmu.Show();
        }
        private void 楼盘信息查询ToolStripMenuItem_Click(object sender, EventArgs e)
        {
            FrmBuildingSearch frm=new FrmBuildingSearch();
            frm.MdiParent=this;
            frm.Show();
        }
        //单击工具栏中的"楼盘信息输入"按钮代码
        private void BuildingtSBtn_Click(object sender, EventArgs e)
        {
            FrmBuilding frm=new FrmBuilding();
            frm.MdiParent=this;
            frm.Show();
        }
        //单击工具栏中的"住宅信息输入"按钮代码
        private void HousetSBtn_Click(object sender, EventArgs e)
        {
            FrmHouse frm=new  FrmHouse();
            frm.MdiParent=this;
            frm.Show();
        }
        //单击工具栏中的"门面房信息输入"按钮代码
        private void shoptSBtn_Click(object sender, EventArgs e)
        {
            FrmShop frm=new  FrmShop();
            frm.MdiParent=this;
            frm.Show();
        }
        //单击工具栏中的"物业费输入"按钮代码
        private void WyftSBtn_Click(object sender, EventArgs e)
        {
            FrmWyfgl frm=new FrmWyfgl();
            frm.MdiParent=this;
            frm.Show();
        }
        //时钟控件的Tick代码
        int countSecond=0;          //全局变量用来显示用户从登录到目前为止的时间，单位为秒
        private void timer1_Tick(object sender, EventArgs e)
        {
            countSecond++;
            //将总时间countSecond变量（单位为秒）换算成时分秒
            tSLbltime.Text="您已经工作了："+(countSecond/3600).ToString()+":"
+(countSecond/60).ToString()+":"+(countSecond%60).ToString();
        }
    }
```

三、关键代码分析

（1）主界面加载时，为了将图像列表中的图片在工具栏上以按钮显示，需要将图像列表控件imageList1绑定到工具栏ToolStrip的ImageList属性。然后使用循环语句将工具栏的按钮进行遍历，将图像列表控件imageList1的图片序号（这里是循环变量i）赋值给工具栏的每个按钮。

```
private void FrmMain_Load(object sender, EventArgs e)
{
    //设置工具栏对应的图像列表属性为imageList1
    toolStrip.ImageList=imageList1;
    for(int i=0; i<toolStrip.Items.Count; i++)
        toolStrip.Items[i].ImageIndex=i;
    UsertSLbl.Text += FrmLogin.yh;
}
```

（2）为每个子窗体指定父窗体为FrmMain，以"楼盘信息输入"为例说明。

```
private void 楼盘信息输入ToolStripMenuItem_Click(object sender, EventArgs e)
{
    FrmBuilding frm=new FrmBuilding();
    frm.MdiParent=this;              //this代表当前MDI主窗体
    frm.Show();                      //显示窗体
}
```

四、登录界面设计

登录功能的实现原理是将输入的用户名和口令与数据库表中的用户名和密码进行匹配，匹配成功则允许登录，并显示主界面FrmMain窗体；匹配失败则提醒用户口令或口令输入错误，不允许登录。运行界面如图6-30所示。窗体上各个控件的属性如表6-24所示。

图6-30　登录界面

表6-24　登录窗体控件

控件类型	控件名称	属　　性	属　性　值
Label	lblUser	Text	用户名
	lblPwd	Text	口令
TextBox	txtUser	MaxLength	10
	txtPwd	PasswordChar	*
Button	btnLogin	Text	登录
	btnExit	Text	退出

主要代码：

```
public static string yh;//该变量保存登录用户信息，并传递到MDI主窗体，在工具栏中显示
private void btnLogin_Click(object sender, EventArgs e)
{
    UserInfo user=new UserInfo();
```

```
        user.Username=txtUser.Text;
        user.Password=txtPwd.Text;
        if(WyglDAL.UserExist(user)>0)              //匹配成功，则允许登录
        {
            yh=txtUser.Text;
            //登录成功则将DialogResult.OK赋值给登录窗体的DialogResult属性
            this.DialogResult=DialogResult.OK;
            this.Close();                          //关闭登录窗体
        }
        else
            MessageBox.Show("用户名或口令错误！");
    }
    private void btnExit_Click(object sender, EventArgs e)
    {
        Application.Exit();                        //退出系统
    }
```

　　窗体的运行有两种方式：有模式和无模式。Showdialog( )是以有模式的方式运行窗体，特点是ShowDialog后面的语句不会执行，直到显示的窗体被关闭。Show( )是以无模式的方式运行窗体，特点是显示窗体后不论窗体是否关闭都执行Show后面的语句。

　　修改项目的Program.cs程序，登录窗体以ShowDialog方式（模式）打开，登录成功则将该窗体的DialogResult属性以DialogResult.OK返回，在Program.cs中判断是否返回DialogResult.OK值，若是则创建主窗体（FrmMain）的一个对象并运行。

　　Program.cs代码如下：

```
static void Main()
{
    Application.EnableVisualStyles();
    Application.SetCompatibleTextRenderingDefault(false);
    FrmLogin frm=new FrmLogin();
    frm.ShowDialog();                         //登录窗体以有模式方式显示
    if(frm.DialogResult==DialogResult.OK)
        Application.Run(new FrmMain());       //创建主窗体的一个对象并运行
    else
    return;
}
```

小　结

　　本章通过对职苑物业管理系统的需求分析，划分了系统的功能模块，综合应用面向对象程序设计理念实现了系统功能，在功能实现上，为了便于数据的传递，将各个数据实体用类封装，便于在业务逻辑类、数据库访问类之间进行传递。主界面采用MDI窗体设计，使用菜单和工具栏实现窗体的调用。

实　训

在Access中创建数据库Student，其中包含两个数据表：学生基本情况表（Jbqk）和操作员登录表（usermanager），结构如表6-25和表6-26所示。

表6-25　学生基本情况表（Jbqk）

字　　段	数据类型	说　　明
Xh	Text(6)	学号，主键
XM	Text(10)	姓名
XB	Text（2）	性别
Mz	Text(6)	民族
CSRQ	DateTime	出生日期
Zzmm	Text(6)	政治面貌
Bjmc	Text(10)	班级名称

表6-26　操作员登录表（usermanager）

字　　段	数据类型	说　　明
Username	Text(6)	用户名，主键
Password	Text(10)	密码

实训1：在Visual Studio 2015中创建一个项目StudManager，在项目中添加图6-31所示的MDI窗体（名称为FrmMain），要求：

（1）设置窗体的标题为"学生管理系统"。

（2）在FrmMain中添加菜单控件，主菜单项：用户管理（热键：M），子菜单包括：密码修改、退出（快捷键：Ctrl+Alt+X）；主菜单项：数据输入，子菜单包括：学生基本情况输入。

实训2：制作图6-32所示的用户密码修改管理界面并按下列要求设计程序：

（1）在文本框中输入用户名和原始密码，新密码要求输入两次。

（2）如果用户名或原始密码错误则提醒用户不能修改密码。

（3）新密码两次输入不一致则提醒用户口令不一致，请重新输入。

（4）修改成功则弹出对话框提醒用户密码修改成功。

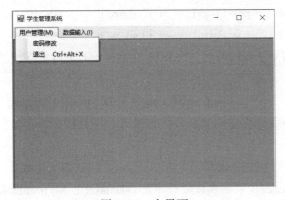

图 6-31　主界面

图 6-32　用户密码修改

实训3：制作图6-33所示的学生基本情况输入界面并按下列要求设计程序：

（1）单击"保存"按钮时判断当前学生信息是否已经输入并提醒用户，否则保存至数据库中。

（2）在下方的表格中选中某行数据，单击"修改"按钮，将当前数据行读出并在窗体上方的相应控件中显示，此时"保存"按钮的标题变为"保存修改"，修改数据后，单击"保存修改"按钮将修改后的数据保存到数据库，此时"保存修改"标题恢复为"保存"。

（3）单击"退出"按钮则关闭应用程序。

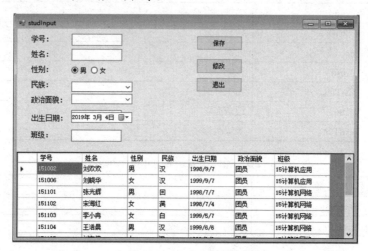

图 6-33　学生基本情况输入

习　题

一、选择题

1. 在.NET的WinForms应用程序中，MDI应用程序是由一个MDI父窗体和至少一个MDI子窗体构成，假设Form1为MDI父窗体，在指定Form2为MDI子窗体时，需要在Form1窗体中打开Form2的地方添加的代码是（　　）。

    A.　Form2 f2 = new Form2();　　　f2.MdiParent=this;　　　　f2.show();

    B.　Form2 f2 = new Form2();　　　f1.MdiParent=this;　　　　f2.show();

    C.　Form2 f2 = new Form2();　　　f2.MdiParent=Form1;　　　f2.show();

    D.　Form2 f2 = new Form2();　　　f2.MdiParent=Form1;　　　f2.show();

2. 在.NET中，当使用ImageList控件imgLst装载图片时，可以通过（　　）语句获得该控件中的第一张图片。

    A. imgLst [0];　　B. imgLst.Images[0];　　C. imgLst [0].image;　　D. imgLst.Images;

3. 在 WinForms高级控件中，使用工具条控件可以创建功能非常强大的工具栏，工具栏中不可以包含（　　）控件。

    A. 按钮　　　　　B. 文本框　　　　　C. 标签　　　　　　　　D. 计时器

4. 窗体中有一个DataGridView控件dgvfriends，若要在该控件中显示Dataset中 Myfriends表的

数据，假设在 Dataset 中只有一个 Myfriends 表，下面语句正确的是（　　　）。

  A.　dgvfriends Datasource =dataset.Tables[Myfriends];

  B.　dgvfriends Datasource=dataset.[Myfriends];

  C.　dgvfriends Datasource =dataset.Tables[0];

  D.　dgvfriends Datasource=dataset[0];

 5.　在 Windows 应用程序中，MDI 应用程序由一个 MDI 父窗体和至少一个 MDI 子窗体构成，以下不是 MDL 窗体特点的是（　　　）。

  A.　启动一个 MDI 应用程序时，首先启动 MDI 父窗体

  B.　每个应用程序都有 MDI 父窗体

  C.　可以打开多个子窗体

  D.　关闭 MDI 父窗体时自动关闭所有打开的 MDI 子窗体

 6.　下列关于菜单和快捷菜单的说法正确的是（　　　）。

  A.　MenuStrip 控件用来设计下拉菜单，运行时在窗体的顶部显示

  B.　MenuStrip 控件用来设计快捷菜单，运行时在窗体的顶部显示

  C.　ContextMenuStrip 控件用来设计下拉菜单，运行时在窗体上不显示

  D.　ContextMenuStrip 控件用来设计快捷菜单，运行时在窗体的顶部显示

 7.　在菜单设计中，要设计菜单项的访问键（热键），下面正确的是（　　　）。

  A.　文件 (#F)　　　　B.　文件 (@F)　　　　C.　文件 (&F)　　　　D.　文件 (^F)

 8.　在 C# WinForms 程序中，退出应用程序的方法是（　　　）。

  A.　Run( )　　　　B.　Exit( )　　　　C.　Show( )　　　　D.　Close

 9.　当调用 MessageBox.Show( ) 方法时，消息框返回值是（　　　）。

  A.　MessageResult　　　B.　DialogValue　　　C.　DialogResult　　　D.　DialogBox

 10.　下面（　　　）可以显示一个有模式窗体。

  A.　Application.Run(new Form1( ));　　　　B.　form1.Show( );

  C.　form1.ShowDialog( );　　　　D.　MessageBox.Show( );

二、简答题

1.　菜单分为哪几种？分别有什么特点？

2.　创建一个 MDI 窗体有哪几种方法？

3.　类在项目中是如何调用的？

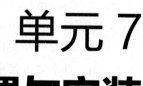

单元 7
系统部署与安装

本单元讲述在.NET环境下使用InstallShield Limited Edition工具进行系统安装包的制作步骤，使学生掌握程序编译和打包发布方法。

学习目标

➢ 掌握.NET应用程序的Debug和Release两种模式的差异；
➢ 掌握InstallShield Limited Edition工具制作安装程序的方法；
➢ 具备在Visual Studio环境中制作系统安装程序的能力；
➢ 具备软件安装能力。

具体任务

➢ 任务1　系统部署
➢ 任务2　系统安装

任务 1　系 统 部 署

任务导入

本任务是要将编写调试正常的《职苑物业管理系统》应用程序进行编译打包，并创建一个安装程序，以便用户可以在不同的计算机上安装并使用《职苑物业管理系统》程序。

知识技能准备

利用 Microsoft Visual Studio 2015制作安装程序时，根据用户机器运行环境的不同可以分为包括NetFramework组件和不包括NetFramework组件两种形式。如果用户机器已经安装了NetFramework，则可以在制作安装程序时不打包NetFramework组件。

Visual Studio创建安装包之前，需要安装InstallShield，InstallShield是随 Windows操作系统提供

的软件安装程序和配置服务，Windows Installer Service维护安装的应用程序有关的信息记录。在执行部署程序包的过程中，Windows Installer运行时会进行信息的记录。在视图卸载应用程序时，它会检查这些记录，以确认在删除它们之前没有其他应用程序会依靠其组件，如果找到使用组件的其他应用程序，它就会停止卸载这些组件。

一、安装 InstallShield

首次制作安装包程序需要安装InstalShield Limited Edition，步骤如下：

在 Visual Studio 2015中选择"新建项目"→"其他项目类型"→"安装和部署"→"启用InstallShield Limited Edition安装和部署"选项，如图7-1所示，单击"确定"按钮，跳转到图7-2所示的界面，单击"步骤2：转到下载网站"超链接，页面跳转到InstallShield Limited Edition下载页面，填写个人信息后下载并安装。

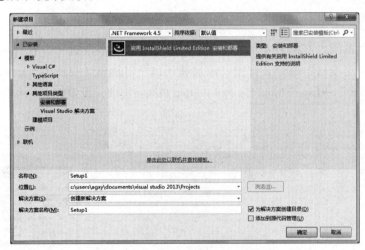

图 7-1　新建安装部署 InstallShield

图 7-2　安装 InstallShield

二、制作物业管理系统安装包

安装完成InstallShield Limited Edition后，Visual Studio 2015需要重新启动，具体步骤如下：

（1）设置软件的模式

Visual Studio解决方案配置下有Debug和Release两种模式，Debug模式通常称为调试模式，它包含调试信息，未对代码进行优化，方便程序员调试程序；Release模式通常称为发布模式，不包含调试信息，但是它对代码进行了优化，使程序代码和运行速度都是最优的。因此在发布系统之前，一定要保证系统没有Bug，也就是在Debug模式下能够成功生成解决方案。解决方案配置转换方式如图7-3所示。

图 7-3　Debug 模式和 Release 模式

（2）新建打包项目

打开物业管理系统，在图7-4所示界面中右击"解决方案"选项，在弹出的快捷菜单中选择"添加"→"新建项目"命令，弹出"添加新项目"对话框（见图7-5），选择"其他项目类型"→"安装和部署"→InstalShield Limited Edition Project选项，设定好名称和位置，单击"确定"按钮。

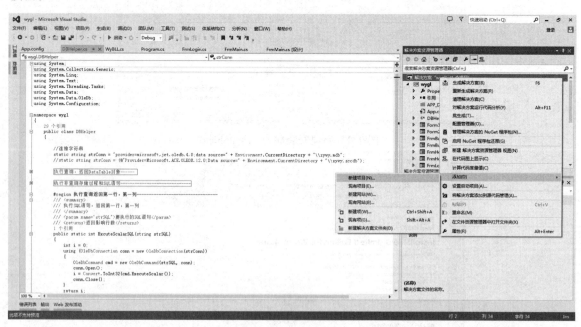

图 7-4　添加项目

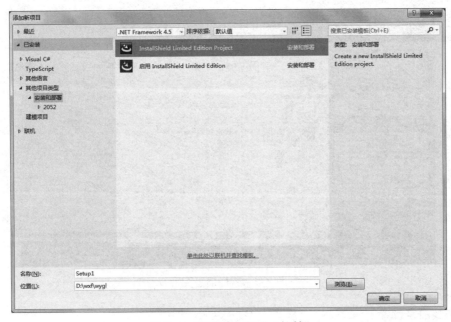

图 7-5　"添加新项目"对话框

（3）配置应用程序信息

在图7-6所示界面中单击Application Information图标，弹出图7-7所示的软件信息配置界面，Application Information用来设置在安装时要显示的软件信息，如软件的开发者、软件开发公司、软件安装图标和程序简介等。在这里作者名称为"职苑物业"，安装程序名称为WyglSetup，版本号为1.00.0000。

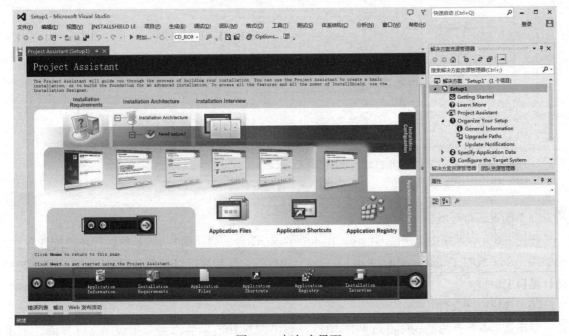

图 7-6　打包主界面

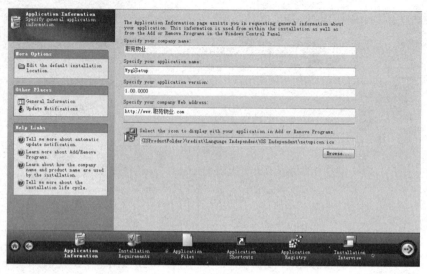

图 7-7　软件信息配置

（4）安装语言设置

单击图7-7所示界面中的General Information超链接，弹出图7-8所示的语言设置界面，将Setup Language设置为"简体中文"，设置完成后关闭语言设置窗口，返回到图7-6。

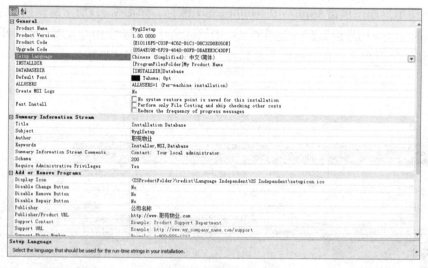

图 7-8　设置语言

（5）配置运行环境

在图7-6所示界面中单击Installation Requirements图标，弹出图7-9所示的运行环境配置界面，选中Microsoft .NET Framework 4.5 Full package复选框。这样程序可以在没有安装Visual Studio 2015的计算机上运行。

（6）选择程序文件

单击图7-9下方的Application Files图标，弹出图7-10所示的添加应用程序文件界面，右击

"Wygl [INSTALLDIR]"选项，添加新文件夹，photo文件夹用于存放用户的照片文件；单击Add Files按钮，将bin/Release路径下可执行文件和数据库文件选中添加。添加程序文件时首先查看bin/ Release路径下有没有文件，如果没有就要把解决方案配置改为Release模式然后重新生成解决方案。

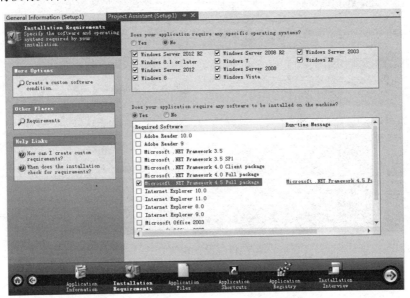

图 7-9　选择 .NET Framework package

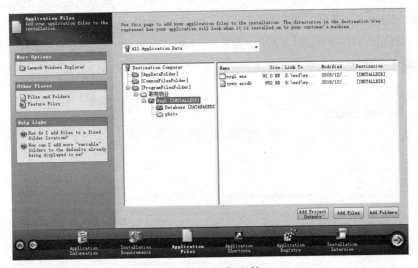

图 7-10　添加文件

（7）设置快捷方式

单击图7-10下方的Application Shortcuts图标，显示图7-11所示的设置快捷方式界面，在中间的列表区域，会显示默认的可执行文件，选中Create a shortcut on Desktop复选框，用来在桌面上创建快捷方式；选中Use alternate shortcut icon复选框，用来设置应用程序在桌面和开始菜单显示的图标；单击Create an uninstallation shortcut超链接可以添加卸载程序；单击Rename按钮修改应用程序和卸载程序显示的快捷方式名称，此处修改应用程序名称为"物业管理系统"，修改卸载程序名称为"卸载物业管理系统"。

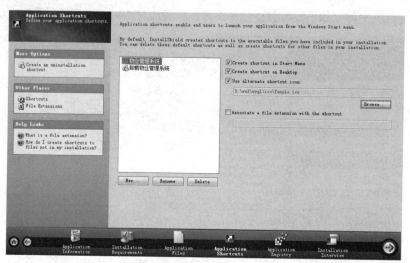

图 7-11　设置快捷方式

（8）.NET Framework打包

在当前解决方案下方单击Specify Application Data超链接，双击Redistributables选项，选中Microsoft .NET Framework 4.5 Full复选框，它会自动联网下载，下载完成后，右侧就会变成Installed Locally；如果.NET 4.5下载慢，可以先到网上下载：dotNetFx45_Full_x86_x64.exe，然后放到C:\Program Files (x86)\InstallShield\2013LE\SetupPrerequisites\Microsoft .net\4.5\Full路径下面，这样可以节省时间，如图7-12所示。

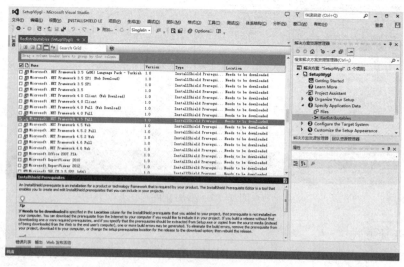

图 7-12　.NET Framework 打包

（9）发布程序

上面的安装步骤执行完成后即可生成解决方案，在当前解决方案中右击，在弹出的快捷菜单中选择"属性"命令，弹出图7–13所示对话框，选择"配置属性"→"配置"选项，将项目SetupWygl配置为SingleImage，使用SingleImage安装包，可以将所有文件集成到一个Setup.exe中，安装时只需要Setup.exe即可。

图 7–13　解决方案设置

（10）项目编译

在Visual Studio 2015窗口中选择"生成"→"生成解决方案"命令完成编译打包，打包文件存放位置是当前项目文件夹下的\Express\SingleImage\DiskImages\DISK1\setup.exe 。

任务 2　系统安装

任务导入

本任务是安装任务一生成的"职苑物业管理系统"安装包到目标计算机中。

知识技能准备

程序安装的过程不仅仅是将程序文件复制到目标计算机中，还要在开始菜单上显示当前安装程序的快捷方式；安装的过程本质上是在目标计算机的操作系统中进行登记。

任务实施

步骤1：将安装文件setup.exe文件复制到目标计算机上，双击安装文件setup.exe，进入欢迎界面，如图7–14所示。

步骤2：欢迎界面中单击"下一步"按钮，进入许可协议对话框，如图7–15所示，选中"我接受许可协议中的条款"单选旋钮，单击"下一步"按钮，进入图7–16所示的"用户信息"对话框。

图 7-14　欢迎界面

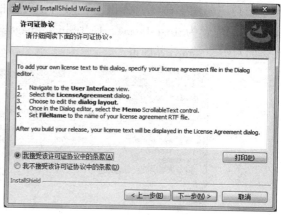

图 7-15　许可协议对话框

步骤3：在"用户信息"对话框中输入相关信息。单击"下一步"按钮进入安装界面，如图7-17所示，等待数分钟会显示图7-18所示的安装完成界面。

步骤4：安装完成后，在桌面上会显示图7-19所示的"物业管理系统"快捷方式，在开始菜单显示"职苑物业"组件，如图7-20所示。

图 7-16　用户信息对话框

图 7-17　安装界面

图 7-18　安装完成

图 7-19　桌面快捷方式

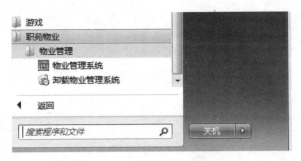

图 7-20 开始菜单快捷方式

小　结

本章讲解了.NET应用程序的编译方法，特别是Debug和Release两种编译模式的差异，如何下载InstallShield Limited Edition工具软件并制作安装包的方法，以及如何进行安装部署的方法。

实　训

将单元六中的任务使用InstallShield工具制作一个安装程序包。

习　题

一、填空题

1. 在D盘的studentSys文件夹中创建一个项目（名称为Student）包含MdiMain、FrmStudent和FrmLogin窗体，其中登录窗体（FrmLogin）为启动窗体，按照默认设置进行编译后，可执行文件存放的路径是_____。可执行文件的文件名是_____。

2. C#有两种默认的编译模式，分别是_____和_____。

二、简答题

简述安装程序的制作步骤。

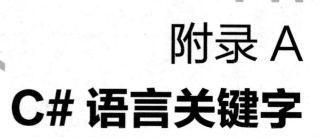

附录 A
C# 语言关键字

abstract	as	base	bool	break	byte	case
catch	char	checked	class	const	continue	decimal
default	delegate	do	double	else	enum	event
explicit	extern	false	finally	fixed	float	for
foreach	goto	if	implicit	in	int	interface
internal	is	lock	long	namespace	new	null
object	operator	out	override	params	private	protected
public	readonly	ref	return	sbyte	sealed	short
sizeof	stackalloc	static	string	struct	switch	this
throw	True	try	typeof	uint	ulong	unchecked
unsafe	ushort	using	virtual	void	volatile	while

附录 B
C# 运算符优先级与结合性

优先级	运算符	名称或含义	使用形式	结合方向	说　明
1	[]	数组下标	数组名 [整型表达式]	左到右	
	()	圆括号	(表达式)/ 函数名(形参表)		
	.	成员选择 (对象)	对象 . 成员名		
	->	成员选择 (指针)	对象指针 –> 成员名		
2	–	负号运算符	– 表达式	右到左	单目运算符
	(类型)	强制类型转换	(数据类型) 表达式		
	++	自增运算符	++ 变量名 / 变量名 ++		单目运算符
	––	自减运算符	–– 变量名 / 变量名 ––		单目运算符
	*	取值运算符	*指针表达式		单目运算符
	&	取地址运算符	& 表达式		单目运算符
	!	逻辑非运算符	!表达式		单目运算符
	~	按位取反运算符	~ 表达式		单目运算符
	sizeof	长度运算符	sizeof 表达式 /sizeof(类型)		
3	/	除	表达式 / 表达式	左到右	双目运算符
	*	乘	表达式 * 表达式		双目运算符
	%	余数（取模）	整型表达式 % 整型表达式		双目运算符
4	+	加	表达式 + 表达式	左到右	双目运算符
	–	减	表达式 – 表达式		双目运算符
5	<<	左移	表达式 << 表达式	左到右	双目运算符
	>>	右移	表达式 >> 表达式		双目运算符
6	>	大于	表达式 > 表达式	左到右	双目运算符
	>=	大于或等于	表达式 >= 表达式		双目运算符
	<	小于	表达式 < 表达式		双目运算符
	<=	小于或等于	表达式 <= 表达式		双目运算符

续表

优先级	运算符	名称或含义	使用形式	结合方向	说　明
7	==	等于	表达式 == 表达式	左到右	双目运算符
	!=	不等于	表达式 != 表达式		双目运算符
8	&	按位与	整型表达式 & 整型表达式	左到右	双目运算符
9	^	按位异或	整型表达式 ^ 整型表达式	左到右	双目运算符
10	|	按位或	整型表达式 | 整型表达式	左到右	双目运算符
11	&&	逻辑与	表达式 && 表达式	左到右	双目运算符
12	||	逻辑或	表达式 || 表达式	左到右	双目运算符
13	?:	条件运算符	表达式 1? 表达式 2: 表达式 3	右到左	三目运算符
14	=	赋值运算符	变量 = 表达式	右到左	
	/=	除后赋值	变量 /= 表达式		
	*=	乘后赋值	变量 *= 表达式		
	%=	取模后赋值	变量 %= 表达式		
	+=	加后赋值	变量 += 表达式		
	-=	减后赋值	变量 -= 表达式		
	<<=	左移后赋值	变量 <<= 表达式		
	>>=	右移后赋值	变量 >>= 表达式		
	&=	按位与后赋值	变量 &= 表达式		
	^=	按位异或后赋值	变量 ^= 表达式		
	|=	按位或后赋值	变量 |= 表达式		
15	,	逗号运算符	表达式 , 表达式 ,…	左到右	

参 考 文 献

[1] 赫茨伯格，托格森，威尔塔穆思，等. C#程序设计语言（第4版）[M]. 陈宝国，黄俊莲，马燕新，译. 北京：机械工业出版社，2011.

[2] 匡松，张淮鑫. C#开发宝典[M]. 北京：中国铁道出版社，2010.

[3] 彭顺生，方丽，黄海芳，等. C# Windows项目开发案例教程[M]. 北京：清华大学出版社，2014.

[4] 何福男，汤晓燕. C#程序设计项目化教程[M]. 北京：电子工业出版社，2014.

[5] 韦鹏程，张伟，朱盈贤. C#应用程序设计[M]. 北京：中国铁道出版社，2013.